KB266017

나는 물리로
세상을 읽는다

나는 **물리**로 세상을 읽는다

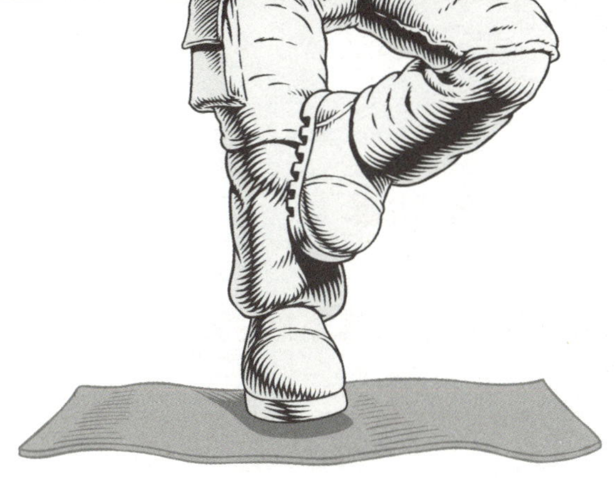

● 소소한 일상에서 우주의 원리가 보이는 난생처음 **물리책** ●

크리스 우드포드 지음
이재경 옮김

반니

차례

들어가는 글   6

1. 고층빌딩이 안전한 이유   11
#중력 #운동법칙

2. 살이 찔수록 왜 계단이 싫어질까?   33
#에너지 #전력

3. 슈퍼히어로로 되는 법   57
#지레 #빗면

4. 자전거와 빵 반죽의 공통점   79
#바퀴 #마찰

5. 볼 수 있는 전부이자 결코 볼 수 없는 것   105
#빛 #전자

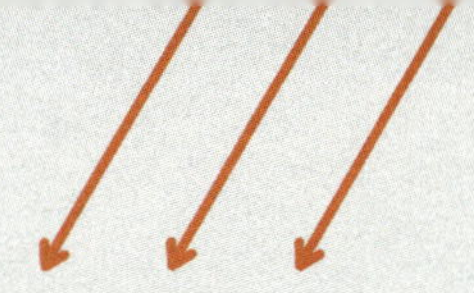

6. 봉화에서 스마트폰까지   131
#전자기파 #광속

7. 난방은 쉬워도 냉방은 어렵다   155
#열역학 #엔트로피

8. 다이어트의 과학   185
#칼로리 #연소

9. 달리는 페라리에 왜 먼지가 쌓일까?   209
#기류 #유체역학

미주   230

찾아보기   250

생전에 핵폭탄과 태양에너지 같은 판타지급 개념을 밥 먹듯 내놓았던 독일이 낳은 천재 슈퍼스타 과학자 알베르트 아인슈타인Albert Einstein, 1877~1955. 그 아인슈타인과 자신의 공통점이 얼마나 될까? 이런 질문을 받으면 당장 드는 생각은 이렇다. '별로?' 하지만 놀라지 마시라. 일단 우리와 아인슈타인의 DNA는 99.9% 일치한다. (물론 인간인 우리는 DNA를 침팬지와도 99%, 바나나와도 50% 공유한다. 하지만 이런 불편한 진실은 묻어두기로 하자.) 혹시 학교 다니기 싫었는가? 아인슈타인도 그랬다. 뛰어난 학생이었지만 그는 고등학교를 중퇴하고 1년 후 기술학교에 재입학했다. 중요한 시험에서 떨어진 적 있는가? 피차일반이다. 수학과 물리학에서 발군의 실력을 보였지만 아인슈타인은 취리히공대에 보기 좋게 낙방하고 재수의 길을 걸었다. 취업 일선에서 고군분투한 적 있나? 아인슈타인이라면 그 마음을 잘 안다. 그는 대학 졸업 후 연구직이란 연구직에 모두 지원서를 냈지만 헛수고였다. 전공을 살릴 길은 멀고 가족은 부양해야겠기에 그는 엉뚱하게도 보험회사에 취직했다가 그마저도 잘리고 결국 스위스 베른의 특허청 직원으로 들어가 그 지루한 일을 꽤 오래 했다. 20세기 최고의 과학자는 이렇게 여러모로 가장 보편적인 유형의 실패자였다.[1]

우리는 아인슈타인을 사랑하고 존경한다. 그 이유는 그가 상상을 초월하게 명석해서가 아니라 다행히 인간적인 허점이 있는 천재였기 때문이다. 그는 모든 것을 알 정도로 영리했고, 아무것도 모를 정도로 현명했다. 그는 칠판에 야릇한 공식들을 휘갈겨 놓고 악동처럼 웃었고, 시공을 고무줄처럼 늘리는 상대성이라는 다분히 당황스런 이론을 통해 물질, 에너지, 빛, 중력—과학의 가장 기초적인 개념들—을 재정의했다. 하지만 동시에 그는 근본적으로 과학은 사물을 바라보는 또 다른 방법일 뿐이며, 속세와 분리된 과학적 발상은 사람들에게 거의 또는 아무 의미도 없다는 것을 알고 있었다. 언젠가 그가 슬기롭게 말했다. "사람들이 사랑에 빠지는 데 중력은 책임 없다."

과학은 아인슈타인의 삶이었지만 딱히 우리의 삶은 아니다. 우리는 과학에 대한 생각을 1초도 하지 않고 수십 년을 보낼 수 있다. 하지만 어떤 방식으로든 과학을 이용하지 않고서는 단 1ns(나노초)도 살아남을 수 없다. 와이파이 인터넷부터 단열 창문까지, 뇌 스캔부터 시험관 아기까지, 과학은 현대의 삶을 구성하는 기술을 쏟아내지만 여전히 우리를 당황스럽게 한다. 학창 시절 몇 년씩 과학을 공부했다고 해서 달라지는 건 없다. 최근의 여론조사에 따르면 우리 중 80~90%가 과학에 '관심 있거나', '매우 관심 있으며' 과학의 절대적 중요성을 흔쾌히 인정한다. 하지만 30~60%가 과학은 너무 전문적이거나 이해하기 어려운 것으로 여기고, 14세 청소년의 3분의 2가 과학에서 아무 감흥을 느끼지 못한다. 우리는 오존층과 기후변화를 혼동하고, 원자력을 건널목을 건너는 것보다 더 위험하게 생각한다. 그리고 우리 중 70%가 신문과 TV가 과학을 과장한다고 생각하면서도 86%가 그 믿지 못할 미디어에서 정보를 얻는다.[2]

이 책은 솔깃하고 재미있게 일상의 과학을 탐구해서 위의 사태를 바로잡는 데 조금이나마 도움이 되기 위해 나왔다. 이 책이 다루는 과학의 영역은 집 주변이다. 거기서 온갖 일상의 것들 뒤에 숨은 놀랍고 흥미로운 과학적 설명을 풀어낸다. 꾸르륵대는 하수구와 삐걱대는 마룻바닥, 쫀득한 커스터드와 반짝이는 구두를 망라한다.

이 책은 비전문가들도 쉽게 읽도록 쓰여졌다. 따라서 복잡한 설명, 논쟁, 정량화는 최소화했고, 수학은 가능한 한 피했다. 다만 부연이 필요한 경우 해당 부분에 어깨 첨자를 달아 책 끝에 모아놓은 주와 참고문헌을 참조할 수 있게 했다.

어째서 사다리에서 떨어지는 것이 악어에게 물리는 것만큼 위험할까? 마천루를 건들대는 젤리처럼 짓는 게 나을까? 아니면 초콜릿 비스킷 쌓듯이 짓는 게 나을까? 전구 하나를 밝히는 데 몇 개의 원자를 쪼개야 할까? 홍차를 과학적으로 젓는 방법이 있을까? 이것들을 이해하는 데 고도의 지능은 필요 없다. 이 책은 로켓과학이 아니다. (로켓 얘기를 할 때도 로켓과학은 아니다.) 이 책에는 여러분이 당황해하거나 지루해할 수학이 거의 없다. 이 책을 이해하는 데 굳이 아인슈타인이 될 필요는 없다.

나도 아인슈타인은 아니다. 하지만 그의 논문 원본을 일부 읽었고, 그의 우아한 방정식에 머리를 긁적였다. 그의 말 중 가장 심오하고 진실한 것은 누구나 이해할 수 있는 간단한 문장이었다. "과학은 일상적 사고가 정제된 것에 지나지 않는다." 이것이 이 책에서 다루는 것이다. 말하자면 우리 모두를 위한 과학.

1장

고층빌딩이 안전한 이유

#중력 #운동법칙

이번 장에서 알아볼 것

- 무거운 건물이 왜 땅으로 꺼지지 않을까?
- 발목이 견디는 힘이 건물 기둥이 견디는 힘과 비슷한 이유
- 고층건물이 안전하게 서 있는 원리는 무엇일까?
- 까마득한 마천루 꼭대기는 왜 젤리처럼 흔들릴까?

소설 갈겨쓰기, 초상화 떡칠

하기, 베토벤 소나타로 피아노 부수기 ― 인간만이 할 수 있는 일이 많다. 하지만 건축은 그중 하나가 아니다. 건축에서 비전과 환상을 빼면 시체라는 건 두말하면 잔소리다. 하지만 건축가가 하는 일의 본질과 핵심, 즉 중력에 무너지지 않을 피난처를 짓는 것은 다른 대다수의 동물들도 하는 일이다. 회색곰이 눈으로 만드는 돔. 강의 급류도 막아버리는 비버의 댐. 집짓기 능력은 지구상 거의 모든 동물종이 공유한 특성이다.

인간과 그들의 차이는 건물의 대담한 다양성이다. 우리는 몇백 미터나 치솟은 마천루를 세우고, 우주선 발사 로켓이 부화하는 거대한 창고를 만든다. 우리는 돌 피라미드를 5000년이나 고요하고 장엄하게 쌓아놓았고, 반대로 입바람에도 붕괴하는 카드집을 짓는다. 월급쟁이 5만 명이 동시에 키보드를 두드리거나 정수기 앞에서 잡담하는 빌딩도 있고, 거대한 비밀을 나눌 만큼 작은 공중전화 박스도 있다. 하지만 그것들이 아무리 창의적 책략과 개성을 향한 갈망의 산물이라 해도, 우리가 구상하고 설계하고 애면글면 짓는 건물은 근본적으로 동물들이 잔가지와 진흙을 긁어모아 엮는 둥지들과 아무 차이가 없다. 왜냐고? 모든 건물은 결국 피난처이고, 모든 피난처에는 한 가지 공통점이 있기 때문이다. 그것은 사람이나 동물이나 중력, 바람, 지진, 부식 같은 힘들을 이기기 위해 과학을 이용한다는 것이다.

집은 정말 안전할까?

우리는 만나는 모든 사람을 믿지는 않지만, 발을 들이는 모든 건물은 믿는다. 문을 들어설 때마다 '혹시 여기 무너지는 건 아닐까?'라고 생각하는 사람은 별로 없다. 사람은 때때로 신뢰감을 주지만, 건물은 항상 신뢰감을 준다. 90세를 넘기는 사람은 많지 않지만, 세계에서 좀 오래됐다 싶은 건물들은 그보다 100배는 더 오래 거기 있었다. '집처럼 안전한safe as houses'이라는 표현도 있다. 추락하는 꿈은 흔한 악몽이다. 하지만 미끄러운 벼랑 위나 환태평양지진대 위에 사는 사람이 아닌 이상, 누구나 잠이 들었던 바로 그 자리에서 안전하게 아침을 맞이한다. 이게 다 든든한 건물 덕분이다.

　건물에 대한 우리의 믿음은 강철처럼 견고하다. 근거 없는 자신감이 아니다. 거기에는 과학적 근거가 있다. 다만 주택과 빌딩 등 구조물의 지극히 정적인 외관은 다분히 기만적이다. 균형미와 안정감의 화신처럼 보이는 모습 뒤로 건물들은 중력, 바람, 지향(地響, 차량 통행 등으로 지면이 떨리는 현상) 등의 힘들과 끝없이 보이지 않는 전쟁을 치르고 있다. 정적인 건물은 역동적 평형을 이룬다. 좋게 말해 평형이고 알고 보면 교착상태다. 건물이 어디에도 가지 않는 것은, 건물을 전복하려는 세력과 건물을 제자리에 잡아두려는 세력이 절대적이고 완벽하게 균형을 이루기 때문이다. 하지만 균형이 깨질 위험은 항시 존재하고, 사실 우리 생각보다 크다. 거대한 건물이 붕괴하는 흔치 않은 경우에만 그 위험을 절감할 뿐이다. 매일 아침 빌딩 승강기에 올라 급상승할 때, 머리 위를 아찔하게 덮은 수백만 톤의 강철, 유리, 콘크리트를 보며 만약 이 모든 것이 일시에 천둥처럼 무너져 내리면 어떻게 될까 걱정하는 사람이 우리 중에 몇 명이나 될까? 건물이 붕괴하는 일이 지극히 드물다는 사실은 과학에 대한 우리의 말없는 믿음이 근거 없지 않음을 입증한다.

가만히 있는 게 아니다

건물이 얼마나 대단한지 실감하려면 건물이 견뎌야 하는 힘force에 대해 알아야 한다. 먼저 우리 몸이 받는 힘을 계산해서 이를 평균적 규모의 집에 대입해보자.

발이 견디는 무게

물리적으로 말해서 힘이란 특정 방향으로 밀거나 당기는 작용을 말한다. 축구공을 뻥 차고, 감자 꾸러미를 들어올려 차에 싣고, 초코바를 베어 물고, 벽에 망치로 못을 박는 것 등이 전형적이고 일상적인 힘의 행사다. 그중에서도 우리 삶을 진정으로 지배하는 힘, 우리 중 누구도 피해갈 수 없는 힘이 바로 중력이다. 지구(질량이 무려 6×10^{24}kg)와 질량이 있는 모든 것 사이의 끌어당기는 힘이 중력이다. 중력은 우리가 잊고 사는(또는 무시하려 애쓰는) 몸무게, 다이어트 열풍, 일상의 피로감을 있게 한 원초적 힘이다. 평균적 성인 남성이라면 몸무게가 75kg 안팎일 것이다. 하등 놀랄 것 없는 무게지만 이 무게를 온종일 들고 다녀야 한다고 생각하면 얘기가 달라진다. 계단 오르내리기, 달리기, 점핑, 살사댄스. 우리가 무엇을 하든 발목 위에 설탕봉지 75개를 쌓아놓고 하는 것과 같다.

끔찍하다. 하지만 아직 셈이 끝나지 않았다. 발목의 굵기가 큰 차이를 만든다. 아무래도 굵은 나무둥치 두 개가 연필 두 자루보다는 몸무게를 좀 더 효과적으로 분산시킬 테니까. 방금 내 발목 둘레를 재봤는데 약 22cm다. 그렇다면 발목의 원형 면적, 즉 횡단면적은 각각 약 40cm²라는 뜻이다. 편의상 인체의 복잡한 구조—조직, 뼈, 피부가 엮여 있고 싸여 있는 방식—는 무시하고, 두 다리를 통나무처럼 단단한 막대로 가정하자. 몸무게가 75kg일 때, 두 발목이 받는 압력pressure은 두 발목에 작용하는 힘을 그 힘이 퍼지는 면적으로 나눈 값인데, 대략 표준 대기압(우리 주변의 공기압)과 비슷하게 나온다. 또는 일반적 자동차 타이어 압력의 약 절반에 해당한다. 내친 김에 좀 더 실감나게 시각화하자면 설탕봉지 일곱 개의 무게가 우표 한 장만 한 면적을 누르는 압력이다. (부은 발목으로 뒤뚱뒤뚱 걷는 사람을 보면 남의 일 같지 않다.) 내 발목 각각이 받는 압력은 이것의 절반에 불과하므로 '뭐 별로 나쁘지 않는데?' 싶지만, 사실 모든 것은 내가 무엇 위에 서 있는지에 따라 달라진다. 발바닥은 몸무게를 발목 면적의 두세 배로 분산해서 발밑에 있는 것이 받을 압력을 줄여준다. 콘크리트나 아스팔트는 무거운 인간들을 너끈히 상대하지만, 쌓인 눈이나 해변의 모래는 1cm 정도 짜부라져 발자국을 만들고, 진흙에서는 딛자마자 발이 푹푹 빠진다.

건물이 견디는 무게

물론 집에는 발목이 없다. 건물과 내용물의 총량을 가느다란 기둥 두 개에 아슬아슬하게 얹을 필요가 없다. 보통의 건물은 지면부터 수직으로 곧게 세워지고 따라서 단면적은 처음부터 끝까지 거의 같다. 엠파이어스테이트 빌딩 같은 마천루는 안정성 강화를 위해 위로 갈수록 가늘어지는 형태를 취한다. 평퍼짐한 밑단에서 점점 단을 좁혀 쌓는 고대 바벨탑의 후예들이다. 우리는 102층(약 380m)쯤 되는 건물이면 지면에 무지막지한 힘을 행사할 걸로 생각한다. 이 생각은 당연히 맞다.

하지만 우리 몸의 경우와 마찬가지로 중요한 것은 힘이 아니라 압력, 즉 힘을 받는 면적이다. 엠파이어스테이트 빌딩의 밑단 넓이는 대략 8,000m²에 달하고, 빌딩의 전체 무게는 약 33만 톤으로 추정된다. 인도 콜카타의 전체 인구인 450만 명의 무게에 해당한다.[1] 놀랍게도 광대한 밑단 넓이 덕분에 가공할 무게에도 지면이 받는 압력은 대기압의 네 배에 불과하다.[2] 다만 여기서 바로잡을 게 하나 있다. 건물은 꽉 찬 덩어리가 아니다. 단순하게 말해서 건물은 가장자리를 둘러친 벽을 빼면 대부분 빈 공간이다. 건물을 지지하는 복잡한 공법은 여기서 따지지 말기로 하자. 단순하게 건물이 차지하는 공간의 10%는 벽이고 나머지는 빈 공간이라고 치면, 바닥이 받는 압력을 약 10배 높여야 한다는 뜻이고, 그렇다면 대기압의 40배에 해당하는 압력이 나온다.[3] 이렇게 따지니 꽤 무거워 보인다. 하지만 당연하다. 지금 우리가 다루는 건물이 세계에서 가장 높고, 크고, 무거운 빌딩 중 하나라는 걸 잊지 말자.

이에 비해 일반 주택은 어떨까? 일단 집 한 채의 무게가 어느 정도인지 알아야 하는데, 짐작하기가 쉽지 않다. 과학기술 잡지 〈파퓰러 메카닉스Popular Mechanics〉의 데이터베이스를 뒤져봤더니 1956년의 한 기사에 집 한 채의 무게가 약 122톤으로 추산된다는 내용이 있었다.[4] 한편 몇 년 전 〈시애틀 타임스Seattle Times〉의 칼럼니스트 대럴 헤이Darrell Hay는 일반적 주택의 평균 무게를 약 160톤(16만 kg)으로 추정했다.[5] 여기에 우리가 집에다 쟁여놓은 각종 잡동사니를 감안해 집 무게를 대략 200톤(20만 kg)으로 잡아보자. 상당한 무게다. 다 자란 코끼리 한 마리가 5~7톤 정도 나가니까 코끼리 30~40마리에 해당하는 무게가 우리 집터를 짓누르는 셈이다. 집의 바닥 면적이 10m²의 정사각형이라 치고, 벽이 대부분의 압력을 소화한다는 사실을 고려하면, 집 한 채는 땅에 대기압의 두 배, 즉 우리 다리가 지탱해야 하는 압력의 약 두 배를 땅에 행사한다는 뜻이다. 바꿔 말하면, 놀랍게도 여러분의 가녀리고 연약한 발목이 여러분의 집 벽이 견디는 압력의 무려 절반을 견디고 있는 셈이다.

건물은 왜 땅속으로 가라앉지 않을까?

아이들이 어른들을 괴롭힐 때 하는 질문 중 하나다. 이상하게도 우리 대부분은 '기반을 잘 다졌으니까' 같은 무미건조한 대답에도 만족하고 살지만, 그런 답변으로는 보통의 일곱 살배기가 지키는 길목을 살아서 지나가기 어렵다. 그러면 아이는 당장 이렇게 받아칠 것이다. "그러니까 기반이 왜 가라앉지 않느냐니까?" 건물은 제자리에서 꼼짝도 하지 않는다. 이 사실은 힘의 작용에 대해 매우 중요한 시사점을 갖는다. 즉 힘은 뚜렷이 다른 두 가지 맛으로 나온다. 정적인 힘(건물과 교각을 꿈쩍 않게 하는 힘)이 있는가 하면 역동적 힘(스케이트보드와 로켓을 움직이게 하는 힘)이 있다. 이 둘의 차이를 제대로 알아낸 사람은 변덕스럽고 까칠한 성격의 영국 수학자, 모두가 들어봤고 일부는 역사상 가장 위대한 과학자로 꼽는 사람, 바로 아이작 뉴턴Isaac Newton, 1642~1727이다.

뉴턴의 운동법칙

뉴턴이 현대 물리학에 기여한 바는 많지만 그중에서도 가장 위대한 발견은 힘에 관한 것들이다. 그는 힘의 작용을 운동법칙Laws of Motion이라는 세 가지 법칙으로 멋지게 요약했다. 제1법칙은 모든 물체는 외부에서 힘이 작용하지 않는 한 자기 상태를 유지하려 한다는 관성의 법칙이다. 열쇠나 안경을 잃어버렸을 때 떠올리면 좋을 법칙이다. 물건은 저절로 움직이지 않는다. 제2법칙은 힘이 물체에 작용할 때 물체의 운동 상태가 어떻게 변하는지를 설명하는 가속도의 법칙이다. 예를 들어 축구공을 뻥 차면 공이 공기를 가르며 날아간다. 마지막 제3법칙이 여러 면에서 가장 흥미롭다. 이 법칙은 힘이 물체에 작용하면 정확히 같은 크기의 다른 힘(반동)이 반대 방향으로 작용한다는 작용·반작용의 법칙이다. 이를 간단하게 요약하면 이렇다. '작용과 반작용은 동일하며 반대다.'[6]

그런데 운동법칙이 건물과 어떤 관련이 있다는 걸까? 도시 한복판에 우뚝 서 있는 마천루를 생각해보자. 빌딩이 꼼짝도 하지 않으므로 뉴턴의 운동 제1법칙과 제2법칙에 따라, 빌딩에 아무 힘도 작용하지 않는다는 뜻이 된다. 제1법칙에 따르면 움직이지 않는 것은 힘이 작용하지 않으면 계속 멈춰 있고, 제2법칙에 따르면 운동은 힘에 의해 시작된다. 종합하면 일반적으로 건물은 외견상 힘을 받지 않고, 따라서 정지해 있다. 하지만 우리는 건물에 매순간 중력(지구의 막강한 힘)이 작용한다는 걸 안다. 간단히 말해서 뉴턴의 말이 맞는다면 건물은 가루가 돼 지구 내부로 쓸려 들어가서 영원히 또는 지구 핵의 용광로에서 녹아 없어질 때까지 쉬지 않고 움직여야 한다.

그런데 왜 그런 일이 일어나지 않을까? 중력이 건물을 땅속으로 잡아당길 때 땅이 정확히 같은 힘으로 건물을 위로 밀어올리기 때문이다. 이 두 힘이 서로 상쇄해서 건물은 아무데도 가지 않는다. 왜 건물이 땅속으로 꺼지지 않느냐고? 땅이 건물을 밀어올리기 때문이다. 세계에서 가장 높고 무거운 마천루들도 땅에 가라앉는 일은 거의 없다. 대개는 땅속 깊이 박아 넣은 수많은 기둥이 빌딩을 떠받치고, 각각의 기둥은 땅속 암반이 떠받친다. 더 정확히 말하면 기둥의 거친 표면과 거기 맞닿은 흙과 암석의 마찰friction에 의해 고정된다. 이 힘들이 균형을 잃을 때만 움직임이 생긴다. 건물이 약한 지반 때문에 가라앉는 경우 그에 대한 과학적 설명은 이렇다. 지반이 건물 무게를 지탱할 만큼 충분한 상향 압력을 내지 못한다. 다시 말해 과잉 압력(건물이 내리누르는 힘과 지반이 버티는 힘 사이의 차이)이 운동을 만들어내 지반이 내려앉은 것이다.

힘은 어디에서 오는 걸까?

건물 기반이 건물이 무너지는 것을 막고, 힘들의 균형이 기반이 무너지는 것을 막는다면, 그 힘들은 어디서 오는 걸까? 우리를 포함한 세상 모든 것은 약 100가지 유형의 원자로 이루어져 있다. 이 생명의 '레고블록들'을 화학원소라고 부른다.

원자가 여럿 뭉쳐서 분자라는 더 큰 구조를 만든다. 예를 들어 수소 원자 두 개와 산소 원자 하나가 결합해 물 분자(H_2O)를 만든다. 우리가 매일 경험하는 대부분의 힘은 원자 내부와 원자 사이, 분자 내부와 분자 사이에서 비롯된다. 원자와 분자가 어떻게 건물에서 힘을 만들어낸다는 건지 빠르게 훑어보기로 하자.

원자의 반격

거대한 철판 위에 집을 짓는다고 가정하자. 철은 금속 원자들이 매우 질서정연하고 빽빽하게 뭉쳐 있는 고체 물질이다. 상자 안에 똑같이 생긴 구슬을 수백 개 부어 넣은 것과 비슷하다. 각각의 원자가 각각의 구슬 알갱이인 셈이다. 원자의 내부는 대부분 빈 공간이다. 하지만 마술 사탕처럼, 중심부를 향해 '깨물면' 홀연히 자신을 드러내는 껍질이 있다. 즉 원자의 가장자리에는 (배터리의 음극처럼) 음전하를 띤 전자들이 일종의 성긴 '전자구름'을 형성한다. 한편 원자의 중심에는 양성자와 중성자가 뭉쳐서 원자핵이라고 하는 단단한 내핵을 형성한다. 원자핵은 (배터리 양극처럼) 양전하를 띤다. 원자의 음전하 부분과 양전하 부분은 원자끼리 너무 들러붙는 것을 막는다. 철근은 쥐어짜도 눌리지 않는다. 철 원자 각각을 둘러싼 음전하 전자구름들이 서로를 밀어내기 때문이다. 두 자석의 같은 극처럼 음전하끼리는 서로 배척한다.

발밑의 원자들

철판 위에다 집을 지으면 철판 원자들이 약간은 눌리겠지만, 철은 원자끼리 촘촘히 붙어 있기 때문에 많이 눌리지는 않는다. 이때 집이 내리누르는 무게는 원자들 사이의 밀어올리는 반발력에 의해 정확히 균형을 이룬다. 물론 철판에 집을 짓지는 않지만 바위와 땅에도 같은 원리가 적용된다. 반면 흙은 압축된다. 흙 입자 사이에 공기가 많이 함유돼 있기 때문이다. 모래는 한술 더 떠서 아예 흘러내린다. 모래알이 서로 미끄러지기 때문이다. 하지만 결국은 땅이 압착되다가 더는 눌리지 않는 상태가 된다. 그 시점이 우리가 원자들(또는 분자들)을 그것들이 원하는 것보다 더 심하게 밀어붙인 순간이다. 다른 종류의 힘(전기, 자기, 원자력과 관련된 힘들)도 원자 내부에서 발생한다.

모든 물질은 힘을 가하면 압축한다. 원자 몇 개 길이에 해당하는 극히 미세한 정도의 압축이라 해도 압축은 압축이다. 다시 말해 고층빌딩이 사람들로 꽉 차 있는 낮보다 텅 비어 있는 밤에 미시적으로 더 높다는 뜻이다. 낮에는 사람들의 무게가 더해져 더 많은 힘이 빌딩을 내리누른다. 그럼 얼마나 낮아질까? 높이 400m에 평균 몸무게의 5만 명이 일하는 평

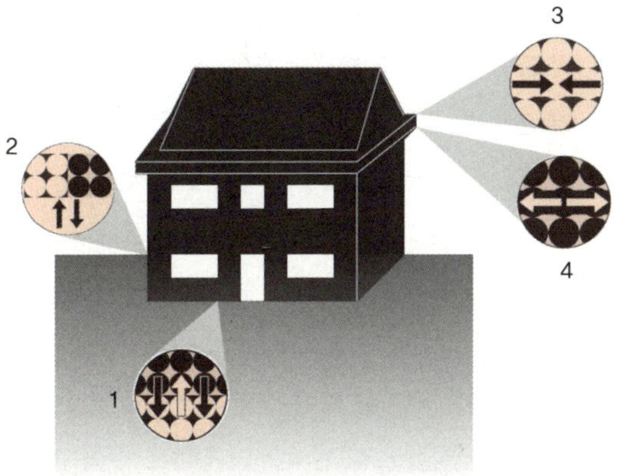

원자가 건물의 붕괴를 막는 네 가지 방법 1. 건물 기반의 원자들과 땅과 암반의 원자들이 서로를 밀어낸다. 2. 기반 건축자재 속 원자들과 땅속 원자들이 서로 미끄러지는 것에 저항한다. 이 마찰 저항도 건물을 땅속에 고정하는 데 일조한다. 3. 각 수평 빔 윗부분은 빔이 떠받치는 무게 때문에 살짝 압축된다. 하지만 빔의 원자들이 어느 정도 이상 짜부라지는 것에 저항한다. 4. 마찬가지로 빔의 아랫부분은 인장력을 받지만 원자들이 서로 결합해 과도하게 벌어지는 것에 저항한다.

범한 마천루의 경우 약 1.5mm의 수축이 일어난다.[7]

집이 무너진다면?

견고한 기반이 집을 높이 올리게는 해주어도 계속 서 있게 해주지는 않는다. 돌을 쌓거나 해변 모래를 다져서 지극히 단순하게라도 집을 지어

본 사람은 힘들이 어떻게 작용해서 집을 붙들어 매는지 안다. 본질적으로 집은 중력이 붙여 놓은 여러 재료의 혼합체다. 중력은 그것들을 안으로, 아래로 누른다. 이렇게 벽을 땅속으로 내리누르는 힘을 땅속 원자들이 다시 밀어올린다. 집을 굳게 세워두는 것은 이렇게 맞서는 힘들이다.

집을 벽으로만 지을 수는 없다. 마룻장과 지붕들보 등 벽과 벽을 이어줄 여러 건축자재가 필요하다. 이런 수평 빔들은 아래는 인장력(tension, 잡아당기는 힘), 위로는 압축력(compression, 짓누르는 힘)을 받으며 자기 무게와 자기가 떠받치는 무게를 벽에 전달해서 집을 밀착시키는 압밀 compaction 작용에 각자 힘을 보탠다. 대개의 집들은 수십 년, 심지어 수백 년 동안 멀쩡히 서 있다. 목재, 석재, 콘크리트 등 건축자재는 압축력에 놀랄 만큼 강하다. 자재의 견고함을 훌륭히 대변하는 것이 레고다. 알다시피 레고는 플라스틱 블록을 조립해 갖가지 구조물을 만드는 장난감이다. 레고 블록은 375,000개의 블록으로 쌓은 탑(높이 3.5km)을 지탱할 만큼 세다. 각각의 작고 단단한 블록은 보통 사람 네댓 명의 무게에 해당하는 350kg의 하중을 지탱한다.[8] 장난감을 치우다가 맨발로 레고 블록을 밟았을 때 눈물 나게 아팠던 경험을 떠올리면 이해하기 쉽다.

붕괴의 조짐

집은 여러 이유로 무너진다. 하지만 궁극적으로 붕괴의 이유는 딱 하나다. 구조물을 하나로 묶는 힘보다 파괴하는 힘이 더 세게 작용했기 때문이다. 화재는 마루와 지붕의 목재 골조를 태우고, 극히 높은 온도에서는 철근 콘크리트까지 녹여 집을 위태롭게 만든다. 그러면 빔의 무게와 빔이 짊어진 하중이 너무 커져서 더는 지탱하지 못하고 건물 내부가 붕괴한다. 흥미롭게도 건물 외벽은 화재로 인해 붕괴하는 경우가 거의 없고, 대개 무너지는 지붕 골조에 맞아 붕괴한다. 흔히 골조의 한쪽 끝이 다른 쪽보다 먼저 떨어지면서 거대한 레버(지레)처럼 아래로 휘둘리고, 이때 골조의 길이 때문에 휘둘리는 힘이 증폭해 밑에 있는 벽들을 박살낸다.

이렇게 보통은 지붕이 먼저 붕괴하지만, 때로는 벽이 약점이 될 수 있다. 거센 바람이 불 때 집의 경사 지붕이 바람을 무탈하게 지나가게 한다. 트럭 운전석의 공기역학적 유선형 구조도 같은 기능을 한다. 초고층 빌딩의 사정은 그렇지 못하다. 바람을 맞는 면이 넓을수록 공기 압력을 더 심하게 받는다. 공기의 일부는 바닥으로 튕겨 내려가 휘몰아치는 소용돌이 바람이 되어 거리를 지나가는 사람들을 날리고, 나머지는 세상에서 가장 높은 마천루도 빨래판처럼 흔들어댄다.

산산이 부서지다

주택은 대개 최악의 강풍에도 살아남는다. 하지만 허리케인 같은 외부 압력을 지속적으로 받으면 건물이 말 그대로 찢어질 수도 있다. 미국 중서부에는 허리케인이 불 때 창문을 열어두면 집 안팎의 압력이 같아져 위험을 줄일 수 있다는 잘못된 믿음을 가진 사람들이 많다. 이것이 효과 있다는 '증거'는 과학과는 상관없는 비논리에 기반한다. 창문을 연 후 집이 무사했다고 해서 그것이 창문을 열었기 때문에 집이 무사했다는 증거는 아니다. 오히려 엔지니어들은 창문을 열면 고압 난기류가 집 내부로 빨려들어와 지붕이 날아갈 위험이 높아진다고 말한다. 지붕이 날아가면 벽이 붕괴할 가능성도 높아진다.[9]

가스 폭발의 경우는 압력이 반대로 작용한다. 우리는 대개 폭발을 격렬한 불덩이로 생각한다. 하지만 질주하는 노란 불길은 사실 주연보다는 조연에 가깝다. 폭발은 순식간에 엄청난 양의 기체를 일으키는 마법의 화학반응이다. 예를 들어 니트로글리세린은 액체에서 (공간을 3,000배나 더 차지하는) 기체로 쉽사리 변하기 때문에 몹시 위험한 폭발물이다. 테러리스트들이 사용하는 셈텍스Semtex 는 점보제트기 비행 속도보다 약 30배 빠른 3만 km/h로 고온가 스를 방출한다. 가스 누출이나 폭탄으로 집이 날아가는 것은 집 안 에서 일순간에 거대한 에어백이 터진 것과 같다. 벽을 날려버리 는 것은 이 힘이지 뒤이어 일어나는 폭발의 불이나 열이 아니다.

일상의 힘 비교하기

미술관과 도서관 같은 공공건물의 명칭은 흔히 그 기관에 기 부한 부자의 이름을 따서 지어진다. 미터법의 측정단위도 별 반 다르지 않아서, 해당 단위 뒤의 과학을 발견한 사람의 이 름이 붙는다. 힘의 과학에 대한 뉴턴의 지대한 공헌도 거기 딱 맞는 방식으로 인정받았다. 현대 물리학에서 힘의 단위는 바로 N(뉴턴)이다.

1N에 얻어맞는 느낌은 어떤 느낌일까? 세평에 의하면 뉴 턴은 사과나무 아래에 있다가 떨어지는 사과에 머리를 맞고 만유인력의 법칙에 대한 영감을 얻었다고 한다(사실이 아닌 건 누구나 안다). 무게가 약 100g인 사과에 작용하는 중력의 크기는 약 1N이다. 이제 앞서 말한 힘의 균형을 떠올려보자. 사과가 떨어지지는 것을 막으려면 1N의 힘으로 사과를 떠받

쳐야 한다.

여기에 10을 곱해보자. 1kg의 물체에 작용하는 중력의 크기는 약 10N이다. 즉 지구 중력은 1kg당 10N의 힘으로 물체를 잡아당긴다. 내 몸무게가 왜 75kg인지 궁금한가? 지구가 나를 750N의 힘으로 잡아당기기 때문이다. 다른 일상의 물건들을 어떨까? 내 집의 무게가 200톤(20만 kg)이라면 집은 200만 N의 힘을 만든다. 표 1에서 몇 가지 힘들을 비교했다.

힘의 원천	힘의 양 (뉴턴, N)
사과 하나의 무게	1
설탕 한 봉지의 무게	10
사람의 입이 물어뜯는 힘	~500~1,000
앞지르기 시 소형차 엔진의 힘	2,000
사람 뼈를 부러뜨리는 데 드는 힘	3,000~5,000
악어가 무는 힘	16,000
자동차가 충돌하는 힘	50,000
일반적 4엔진 제트기를 작동하는 힘	300,000
일반적 주택과 그 내용물의 무게	2,000,000
우주왕복선 발사 시 총 추진력	32,400,000

표 1 힘의 비교 힘이란 물체를 움직이게 하는 밀기와 당기기다. 힘들이 완벽한 균형을 이루면 물체는 꼼짝도 하지 않는다. 이 표는 힘의 크기들을 비교한다.

마천루가 바람에 날아가지 않는 이유

집이 땅속으로 꺼질까 봐 걱정이라면 높은 빌딩들에겐 걱정거리가 하나 더 있다. 바람에 쓰러지지 않는 것.

진정한 마당발

하늘을 찌르는 마천루. 볼 때마다 놀랍다. 마천루의 높이는 밑넓이의 몇 배나 될까? 10배? 15배? 20배? 그보다 더? 그런데 놀랍게도, 세상에서 가장 높은 빌딩조차 높이가 좀처럼 밑넓이의 일곱 배를 넘지 않는다.

마천루의 비밀은 우리가 그 넓적한 '발'을 알아차리지 못한다는 데 있다. 엠파이어스테이트 빌딩은 폭 100m에 높이 380m다. 높이 대비 너비 비율이 4:1에 불과하다. 그렇게 훤칠해 보이는 에펠탑도 비율이 고작 2.4:1이다. 두 다리를 엄청나게 넓게 벌리고 있기 때문이다. 우리가 다리를 벌리고 섰을 때 우리의 '밑폭base width'은 30~50cm 정도다. '고층 건물' 기준으로 봤을 때 4~5:1의 비율이다. 이런 경계를 허무는 정말로 놀라운 마천루가 있기는 하다. 하이클리프Highcliff라고 불리는 홍콩의 초고층 주거용 빌딩은 20:1이라는 가공할 비율을 자랑한다. 이 수준에 도달하려면 마당발만으로는 힘들고, 공학적 기발함이 함께 해야 빌딩이 바로 서 있을 수 있다.

흔들리는 마천루

마천루가 환상적인 진짜 이유는 그들이 꼼짝 않는다는 데 있지 않다. 오히려 그 반대다. 바람의 속도는 땅에서 높아질수록 극적으로 증가한다.

따라서 하늘로 0.5km나 솟아 있고, 동시에 직립이 가능할 만큼 널따란 빌딩은 지나가는 돌풍의 매우 매력적인 타깃이 된다. 발은 땅에 꼼짝없이 박혀 있는데 엄청난 힘(바람)이 계속 수평으로 가격한다면? 빌딩 전체가 거대한 레버처럼 작동해서, 제대로 강한 바람 한 방이면 이론적으로는 빌딩이 반으로 쪼개지거나 나무처럼 뿌리가 뽑힐 수 있다.

그렇다면 빌딩을 어떻게든 최대한 단단하게 고정해야 할 것 같지만, 실제로는 오히려 흔들리는 빌딩이 살아남을 가능성이 훨씬 높다. 직관적으로도 쉽게 알 수 있다. 비스킷과 젤리를 수직으로 세워놓고 흔들었을 때 어떻게 될지 생각해보라. 그래서 마천루들은 일부러 젤리처럼, 위험한 바람에 비교적 천천히 흔들거리게끔 설계한다. 예를 들어 예전의 뉴욕 트윈타워는 꼭대기가 섬뜩하게도 1m나 오락가락했고, 타이페이 101(최근에 지어져 상대적으로 덜 알려진 대만의 마천루)은 60cm 폭으로 흔들렸다. 이들에 비해 한참 오래되고 현저히 낮은 엠파이어스테이트 빌딩의 진동 폭은 훨씬 작은 8cm 정도다.[10]

천천히 흔들리기

중요한 것은 건물이 얼마나 많이 흔들리느냐가 아니라 얼마나 빨리 혹은 천천히 흔들리느냐다. 마천루는 진자시계처럼 예측 가능한 주기로 왔다 갔다 앞뒤로 흔들린다. 시카고의 존 핸콕 타워John Hancock Tower의 진동 주기는 8.3초다(시계의 똑딱 소리보다 약 여덟 배 느리다).[11] 이보다 진동이 빠르다면 빌딩 안의 사람들은 멀미를 할 것이다. 마천루가 넘어지지 않는 것은 마천루가 바람과 지진을 만나 진자처럼 흔들리기 때문이다. 나아가 딱 진자처럼, 그 진동이 에너지가 소진됨에 따라 점차 잦아들어 빌딩이 다시 한 번 굳게, 우뚝, 서 있게 된다.

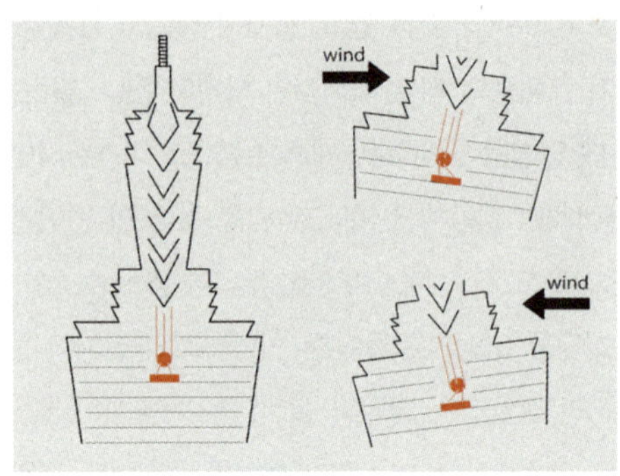

타이페이 101의 방진 설계 509m의 마천루 타이페이 101 내부에는 동조질량
감쇄기tune mass damper라고 불리는 730톤의 거대한 쇠공이 매달려 있다. 빌딩
이 바람에 흔들릴 때 진동을 흡수하는 댐퍼(제동기)로 기능하는 장치다. 이 끝내
주게 무거운 댐퍼는 88층과 92층 사이에 유압 램들로 느슨하게 고정돼 있으
며, 강풍이 빌딩을 칠 때 바람 반대 방향으로 움직여(위 그림에 과장해서 표현돼 있
다) 최선을 다해 제자리를 지킨다. 즉 자동차 충격흡수장치처럼 빌딩이 흔들리
면 유압 램을 잡아당겨 진동의 김을 빼고, 빌딩 안 사람들의 멀미를 막아준다.[12]

2장

살이 찔수록 왜 계단이 싫어질까?

#에너지 #전력

이번 장에서 알아볼 것

- 에너지는 어디서 오고 어디로 갈까?
- 번갯불에서 얻을 수 있는 전기의 양은 얼마일까?
- 에너지와 와트, 전력의 관계가 뭘까?
- 사다리에서 떨어지면 왜 악어에 물린 것만큼이나 아플까?

다음의 공통점은 무엇일까?

따귀 맞아 빨갛고 따갑게 부어오른 뺨, 창틀에서 일시에 흩어지는 비둘기들의 놀란 날갯짓, 물컵 속에서 부글부글 퍼지는 숙취 해소 알약, 한밤중 화재경보기의 핏발 선 깜빡임, 거미줄이라는 치명적 트램펄린에 잡히고, 갇히고, 휘감긴 파리 한 마리. 답은 이들 모두 여러분의 집 안팎에 숨어 있는 에너지의 형태라는 것이다.[1] 에너지는 보이지 않고 불가해한 궁극의 수수께끼다. 에너지는 사실상 정의내리기를 불허하고, 동시에 그걸 이해하려는 사고 과정에 동력을 공급한다. 그렇다면 두뇌에너지를 유용하게 써보자. 두뇌에너지를 에너지를 알아보는 일에 쓰자.

중력과 겨루기

여러분은 건강하고 팔팔한 '계단족'인가? 아니면 엘리베이터에 몰래 타는 편인가? 뚱뚱할수록 계단과의 씨름을 피한다. 사람들은 이것을 순전히 개인의 게으름 탓으로 치부하지만 사실은 기본적이고 강력한 과학의 일부다. 앤디와 밥이라는 두 명의 엔지니어가 있다고 치자. 두 사람은 엘리베이터 수리를 위해 맨해튼의 380m 마천루 엠파이어스테이트 빌딩 꼭대기층으로 출동해야 한다. 앤디는 몸무게 95kg의 거구인 반면 그의 조수 밥은 몸집이 작고 탄탄해서 65kg에 불과하다. 엘리베이터가 고장 난 관계로 두 사람은 그 많은 계단을 걸어 올라갈 수밖에 없다. 다 합쳐서 1,872개의 계단.

계단 오르기가 힘들다는 건 우리 모두 본능적으로 안다. 높이 올라갈수록 지구 중력과 더 오래 싸워야 하고, 그 과정에서 더 많은 에너지를 쓴다. 자주 간과되는 사실이 이때 뚱뚱한 사람이 마른 사람보다 더 힘들다는 점이다. 몸집이 크면 그만큼 질량('덩어리'의 과학적 용어. 지구가 물체를 당기는 힘인 '무게'와 때로 같은 뜻으로 쓰인다)이 커진다. 더 무거운 짐을 이고 다니는 것과 같고, 따라서 에너지가 더 많이 든다. 다만 과학적 실증이 어렵다. 어딘가에 올라갔다가 체중을 늘려서 10분 후에 다시 올라보고 차이를 비교할 수는 없는 노릇이다.

하지만 분명한 차이가 있다. 계단을 맨몸으로 올라갈 때보다 무거운 가방을 들고 올라갈 때가 더 힘들다는 것이 강력한 단서다.

꼭대기까지 걸어 올라가는 데 앤디는 밥보다 얼마나 더 많은 에너지를 쓸까? 계산은 어렵지 않다. 답은 120kJ(킬로줄, kilojoule)이다.[2] (에너지의 단위인 줄joule에 대해서는 잠시 후에 설명한다.) 120kJ은 커피 한 잔을 끓이는 데 드는 전기량과 얼추 비슷하다. 앤디는 순전히 몸무게가 더 나간다는 이유로 계단 오르기에서 120kJ의 에너지를 더 써야 하고, 그만큼 더 힘들다. 마침내 두 사람이 헉헉대며 기진맥진 꼭대기층에 다다랐을 때 앤디는 장비가방을 뒤져 초콜릿칩 쿠키 봉지를 꺼낸다. "난 자격 있어." 그는 쿠키 두 조각을 한꺼번에 입에 쑤셔넣고 밥에게 봉지를 건넨다. 하지만 밥은 포장지의 깨알 같은 활자들을 훑어보더니 정중히 사양한다. 쿠기 두 조각에는 108kcal(450kJ)가 있다. 만약 이 열량food energy이 모두 앤디의 몸을 움직이는 데 쓰인다고(다시 말해 음식 에너지가 100% 역학적 에너지로 변환된다고) 가정할 때, 이는 엠파이어스테이트 등반에 드는 에너지보다도 많은 에너지다. 밥은 조용히 생각한다. "앤디가 다음에 여기 올라올 때는 더 힘들겠는걸."[3]

에너지란 무엇일까?

알 듯하다가도 모르겠는 것이 에너지다. 에너지가 우리 삶을 움직이는 보이지 않는 연료라는 것은 누구나 안다. 자동차가 '퍼지는' 걸 막으려면 미리 기름을 넣어주어야 한다는 것도 알고, 몸을 계속 움직이려면 하루에 두세 번씩 입에 음식을 넣어줘야 한다는 것도 안다. 또한 뜨끈한 샤워와 훈훈한 집을 원한다면 가스요금을 꼬박꼬박 내야 한다는 것도 안다. 하지만 우리 중 몇이나 자신이 어제 (집과 직장이나 학교에서) 쓴 총 전기량을 정확히 계산할 수 있을까? 뉴욕이나 뉴델리 규모의 도시는 매년 전력을 얼마나 쓸까? 향후 10년 동안 우리는 발전소를 얼마나 더 건설해야 할까? 에너지의 기본 개념은 간단하다. 우리는 에너지를 주로 질적으로 이해한다. 우리가 약한 건 에너지를 양적으로 이해하는 것이다. 그것이 우리가 항상 가스요금 고지서에 분노하는 이유이고, 세계가 끝없이 에너지 위기의 낭떠러지를 걷는 이유이며, 사람들이 사용하는 에너지보다 훨씬 많은 에너지를 먹어대 목숨까지 위태로운 병적 비만 상태가 되는 이유다. 에너지를 측정하는 방법을 아는 것은 에너지가 무엇이고 그것이 어떻게 세상을 움직이는지 이해하기 위한 좋은 방법이다. 또 그것이 이번 장의 목표다.

줄의 줄

'측정하지 못하는 것은 관리할 수도 없다.' 비즈니스계의 금과 옥조다. 같은 말이 과학에도 유효하다. 다만 과학에서는 살짝 말을 바꾸면 더 말이 된다. '측정하지 못하는 것은 이해도 할 수 없다.' 에너지 같은 과학적 개념을 이해하는 방법은 거기에 숫자를 붙이는 것이다. 그러면 우리가 일상사에 쓰는 에너지의 양을 우리가 여러 방법으로 생산하는 에너지의 양과 비교할 수 있게 된다. 엠파이어스테이트 빌딩을 통째로 오르는 데 쓰는 에너지가 쿠키 한 조각을 먹어서 얻는 에너지보다 많겠지? 이론적으로는 그렇지 않다(실제로는 그렇다). 풍력 터빈 하나로 마을 전체를 돌리기에 충분한 에너지를 생산할 수 있을까? 그렇다. 자전거 다이너모(dynamo, 역학적 에너지를 전기로 변환하는 장치)를 전기포트에 연결하고 미친 듯이 페달을 밟는다고 하자. 큰 냄비 가득 물이 끓을 때까지 얼마나 오래 밟아야 할까? 답은 21시간이다. 물론 사이클 선수가 성능 좋은 발전기로 도전한다면 그 시간을 15분으로 줄일 수도 있다.[4]

과학자들이 쓰는 에너지의 단위는 '줄joule'이다. 최초로 에너지 측정 실험을 행한 19세기 영국 물리학자 제임스 프레스콧 줄James Prescott Joule, 1818~89의 이름을 땄다. (줄은 에너지를 '활력'이라는 뜻의 라틴어 '비스 비바vis viva'로 즐겨 불렀다.)[5] 과학에서 줄이 에너지의 단위인데, 그럼 1J은 정확히 무엇을 말하는 것일까? 어떻게 생겼으며 어떤 느낌일까? 앞서 커피 한 잔 분량의 물을 끓이는 데 약 120kJ(12만 J)이 든다고 말했다. 따라서 1J이 그다지 인상적일 것 같지는 않다. 오렌지(약 100g) 하나를 1m 들어올릴 때 약 1J의 에너지가 소모된다. 대단하다는 느낌은 없다. 그럼 이제 비교를 뒤집어보자. 물 한 잔을 끓이는 일(12만 J)은 오렌지 12만 개(12톤)를 1m 들어올리거나 오렌지 하나를 120km 상공(에베레스트산 높이의 14배)으로 던져 올리는 일과 같다. 이렇게 말하니 좀 실감 난다.

에너지가 얼마나 들까?

자전거 타기부터 마라톤 뛰기까지 일상의 각종 일을 수행하는 데 몇 줄의 에너지가 드는지 이론적으로 추산하는 것은 비교적 쉽다(표 2 참조). 이는 회계장부로 치면 '차변debit', 즉 에너지의 수요(소비) 측면에 해당한다. 마찬가지로 초콜릿칩 쿠키, 자동차 배터리, 석탄 한 덩어리에 얼마만큼의 에너지가 숨어 있는지, 그걸로 어떤 일을 할 수 있는지도 꽤 쉽게 알아낼 수 있다. 이는 차변에 대한 '대변credit', 즉 에너지의 공급 측면이다. 줄의 업적 덕분에 우리는 이 에너지 장부가 항상 균형을 이룬다는 것을 알 수 있다. 즉 에너지 '대변'과 '차변'은 정확히 일치한다.

에너지	줄(J)	킬로와트시 (kWh)	엠파이어 스테이트 지수
평균적 번개	5,000,000,000 (50억)	1,400	17,000
원자력 발전 1초	2,500,000,000 (25억)	700	8,333
휘발유 1ℓ 연소	36,000,000	10	120
100W 전등 24시간 사용	8,640,000	2.4	30
1kWh	3,600,000	1	12
격렬한 수영 1시간	2,000,000	0.6	7
풍력발전 1초	1,000,000	0.3	3.3
삶은 달걀 두 개 먹기	670,000	0.19	2.2
토스터 3분 사용	540,000	0.15	1.8
엠파이어스테이트 빌딩 올라가기 (75kg을 400m 위로 옮기기)	300,000	0.08	1
AA 알칼리 배터리	10,000	0.003	0.03
가정용 태양광 발전 1초	4,000	0.001	0.013
집에서 2층 올라가기 (75kg을 3m 위로 옮기기)	2,250	0.0006	0.008
10W 전등 1초 사용	10	0.000003	0.00003
오렌지 1개 1m 들어올리기	1	0.0000003	0.000003

표 2 힘의 비교 에너지에 대한 감을 잡는 방법 중 하나는 우리가 이런저런 일에 필요로 하는 에너지양과 우리가 이런저런 방법으로 생산할 수 있는 에너지양을 비교하는 것이다. 표 2는 에너지 생산 방식(이탤릭체)과 사용 방식(기본체)을 비교한다. 각 항목의 에너지양을 줄(대부분의 사람들에게 익숙지 않은 비직관적 단위)과 킬로와트시(kilowatt hours, kWh, 가스요금과 전기요금 고지서에 등장하는 에너지 단위)로 표기했고, '엠파이어스테이트 지수'도 추가했다. 이 지수는 몸무게 75kg의 평균

체격을 가진 사람이 계단으로 엠파이어스테이트 빌딩 꼭대기까지 올라가는 데 드는 최소 에너지양을 나타낸다.[6] 이 표에 의하면 번개 한 번에 엠파이어스테이트 빌딩을 약 17,000번 올라가는 데 필요한 양의 에너지가 들어 있다. 또한 1시간 수영하는 것은 엠파이어스테이트 빌딩을 일곱 번 오르는 것과 같다.

일률이란 무엇일까?

그런데 에너지양만 알아서는 크게 의미가 없다. 엠파이어스테이트 빌딩 꼭대기까지 걸어 올라가는 데는 상당한 에너지가 든다. 하지만 관건은 그 일을 얼마의 시간 내에 해내느냐다. 예를 들어 틈틈이 쉬면서 전망을 감상해가며 8시간에 걸쳐 슬렁슬렁 한가롭게 올라간다 치자. 그렇게 분당 네 계단씩 올라간다면 지루하긴 하겠지만 딱히 몸이 힘들지는 않다. 이번에는 꼭대기까지 30분 만에 주파하겠다는 야심찬 목표를 세워보자. 목표를 달성하려면 1초에 한 계단씩 헉헉대며 올라야 하고, 이건 비교할 수 없이 힘들다. 다시 말해 에너지 사용이나 생산에는 가용시간을 반드시 고려해야 한다.

이렇게 에너지에 시간을 더한 개념이 일률power이다. 일률은 에너지 소비율이나 생산율(에너지양을 그것을 사용하거나 만드는 데 걸리는 시간으로 나눈 값)이다. 에너지처럼 일률도 측정 방법을 알면 개념이 잡힌다. 일률을 측정하는 단위를 와트watt, W라고 한다. 1초에 1J의 일을 할 때의 일률이 1W다.

100W 전등은 1초에 100J의 에너지를 쓰는 전등이다. 95kg 거구의 엔지니어 앤디가 심장마비로 쓰러지지 않고 30분 만에 엠파이어스테이트 빌딩 꼭대기까지 올라간다면, 그는 에너지를 약 200W의 일률로 사용한 셈이 된다.[7]

전력이 얼마나 들까?

일을 한다는 것은 에너지를 쓴다는 뜻이고, 일을 시간으로 나눈 값이 일률이다. 에너지 중에서도 전기에너지의 일률을 전력power이라고 한다. 즉 일률과 전력은 같은 개념이다. 에너지 생산에서 와트는 매우 적은 양의 전력이다. 핸드크랭크로 약 10W의 전력 정도는 생산할 수 있다. 하지만 혹시 이것으로 테이블 램프나 노트북 컴퓨터 같은 것에 전력을 공급해봤다면(나는 해봤다), 그게 육체적으로 할 짓이 못 된다는 걸 알게 된다.[8] 쓸 만한 양의 전력을 생산하는 것은 보통 일이 아니다. 대형 풍력 터빈은 약 2MW(메가와트, 200만 W)로 발전하는데, 이는 20만 개의 핸드크랭크를 돌리거나 1만 명의 앤디가 동시에 엠파이어스테이트 빌딩을 오르는 것과 같다. 대규모 석탄 발전소나 원자력 발전소는 약 2GW(기가와트, 20억 W)로 발전한다. 1,000여 개의 풍력 터빈에 해당한다. 이것이 풍력 터빈이 갑자기 사방에서 솟아나는 이유다. 우후죽순 세우는 게 재밌어서가 아니다. 대형 발전소 하나와 같은 양의 전

동력원	와트	포르셰 터보 수	햄스터 수
우주왕복선 발사장치	11,000,000,000 (11GW)	28,000	220억
후버 수력발전 댐	2,000,000,000 (2GW)	5,100	40억
원자력 발전소	1,500,000,000 (1.5GW)	3,850	30억
증기기관	1,500,000 (1.5MW)	4	300만
디젤 트럭 엔진	450,000 (450kW)	1.2	900,000
포르셰 터보 엔진	390,000 (390kW)	1	800,000
전자레인지 (전 출력)	1,000W	0.003	2,000
휴대용 진공청소기	400W	0.001	800
수동 핸드크랭크장치	10W	0.00003	20
자전거 다이너모	5W	~0	10
쳇바퀴 돌리는 햄스터	0.5W	~0	1

표 3 힘의 비교 전력은 1초에 생산하거나 소비하는 에너지의 양을 의미한다. 증기기관에서 얻는 전력은 얼마나 될까? 감이 없다. 발전소나 우주선 로켓장치는 더 상상 불허다. 하지만 각각을 포르셰 터보(강력한 스포츠카)나 쳇바퀴를 돌리는 햄스터에 대입해서 생각하면 이해가 빨라진다. 그렇다고 해서 이들 동력원을 포르셰 터보나 햄스터로 직접 대체할 수 있다는 뜻은 아니다(포르셰 엔진이 아무리 좋아도 산소를 필요로 하기 때문에 그 엔진으로는 우주선을 우주로 발사하지는 못하고, 햄스터는 너무 빨리 쉽게 지친다). 원자력 발전소는 수십 년 동안 끊임없이 고압 전력을 생산해서 엄청난 양의 에너지를 제공하는 데 반해 햄스터는 고작 몇 분 만에 지쳐 쓰러지기 때문에 생산 가능한 에너지양이 초라하기 그지없다.[9]

기를 생산하려면 풍력 터빈이 최소 1,000개는 필요해서다.

전력 비교하기

전력은 에너지를 시간으로 나눈 것이다. 따라서 건조기 같은 것이 에너지를 얼마나 쓰는지 알고 싶다면, 건조기의 전력소비율(예를 들어 3,000W 또는 초당 3,000J)에 사용 시간을 곱하면 된다. 건조기를 1시간 돌렸다 치자. 1시간은 60분 × 60초 = 3,600초니까, 사용한 총 에너지는 3,000J/s × 3,600초 = 약 10MJ(1,000만 J, 1만 kJ)이다. 같은 방식으로 일상사가 어느 정도의 일인지도 알 수 있다. 커피 한 컵 분량의 물을 끓이는 데 120kJ(12만 J)이 필요하다. 이 에너지를 귀여운 햄스터가 돌리는 쳇바퀴로 얻을 경우 물을 끓이는 데 얼마나 걸릴까? 햄스터 한 마리는 0.5W, 즉 초당 0.5J을 생산하므로, 대략 24만 초, 즉 약 사흘이 걸린다. 햄스터 대신 핸드크랭크를 이용하면? 핸드크랭크는 10W를 내니까 20배 빠른 약 3시간 만에 마칠 수 있다.[10] 반대의 상황도 상상해보자. 만약 내게 개인 전용 원자력 발전소가 있다면? 거기에 전기포트를 연결하면 단 1초 만에 15억 J을 얻을 수 있고, 따라서 약 1만분의 1초 만에 커피를 마실 수 있다. 진정한 인스턴트커피다.

에너지의 비용

에너지를 헷갈리는 개념으로 만드는 한 가지는 우리가 에너지에 사용 비용을 치르는 방식이다. 가스요금이나 전기요금은 대개 킬로와트시kWh라는 단위로 매겨진다. ('와트'라는 말이 들어가 있어서) 마치 전력 단위처럼 들리지만, 사실 킬로와트시는 에너지의 단위다. 다시 말하지만 전력은 에너지를 시간으로 나눈 것이다. 따라서 전력에 다시 시간을 곱하면 도로 에너지다. 1kWh는 1kW의 물건을 1시간 동안 가동할 때 쓰는 에너지의 양을 말한다. 이를 현실에 대입해보자.

- 1,000W 모터가 달린 진공청소기를 1시간 내내 가동하면 1kWh의 에너지를 소비하게 된다.
- 전기포트의 전력은 약 3kW이므로 20분 동안 물을 끓이면 정확히 1kWh를 소비하게 된다. 포트 안에 물이 얼마나 있는지는 중요하지 않다. 물의 양은 물이 끓는 데까지 걸리는 시간에 영향을 줄 뿐이다.
- 저전력 전구는 전기를 감질나게 10W씩 야금야금 먹기 때문에 100시간(약 4일)을 켜놓아도 1kWh의 에너지만 소비된다.
- 우리의 과체중 엔지니어 앤디가 엠파이어스테이트 빌딩을 1초에 한 계단의 속도로 올라가는 경우 200W의 일률로 에너지를 쓰는

셈이다. 그렇게 5시간을 올라가면 1kWh의 에너지를 소진할 수 있다.

무슨 일이든 거기 드는 에너지양은 항상 같지만,[11] 더 높은 전력을 사용하면 더 쉽고 빠르게 작업을 마칠 수 있다. 엠파이어스테이트 빌딩 꼭대기까지 어떤 방법으로 올라가든 내 체질량body mass을 같은 거리만큼 끌어올려야 하는 사실은 변하지 않는다. 따라서 (이론상으로는) 항상 같은 양의 에너지를 필요로 한다. 엘리베이터를 타면 전기모터가 내가 내 몸을 옮기는 것보다 훨씬 빨리 내 몸을 위로 옮겨준다. 이를 모터가 더 강력하다(같은 에너지를 더 짧은 시간에 공급한다)는 말로 표현할 수 있다. 1ℓ의 물을 어떻게 끓이든 378,000J(378kJ)의 에너지가 든다. 전기포트, 가스레인지, 모닥불, 또는 숟가락으로 열심히 젓기. 이것들 모두 결국에는 물을 끓게 하겠지만 (그렇다. 이론적으로는 심지어 숟가락으로도 물을 끓일 수 있다),[12] 각기 다른 일률로 에너지를 공급하고 각기 다른 전력으로 작동하기 때문에 걸리는 시간은 각기 다르다. 3kW급 고성능 전기포트를 쓰면 1kW급 여행용 포트를 쓸 때보다 세 배 빠르게 물을 끓일 수 있다. 정확히 같은 양의 에너지를 세 배 빠르게, 즉 세 배의 전력으로 공급하는 것이다. 다시 말해 어느 전력의 전기포트를 쓰든 에너지 소비량, 즉 킬로와트시는 같다.

에너지는 어디서 오고 어디로 갈까?

돈은 뜬금없이 내 은행계좌에 나타나거나 이유 없이 내 지갑에서 사라지지 않는다. 우리는 남들과 끝없이 거래하면서 돈을 벌고 또 소비한다. 에너지도 같은 방식으로 작용한다. 에너지를 원하면 (음식을 먹거나 자동차에 기름을 넣는 식으로) 어디선가 에너지를 '벌어야' 한다. 뭔가 원하는 걸 하려면 가진 에너지를 어느 정도 '소비해야' 한다. 돈을 찍어내거나 위조하는 등 없던 돈을 난데없이 만들어내 금융시스템을 교란하는 것은 가능하다. 하지만 별짓을 다해도 에너지에는 이 수법이 통하지 않는다. 우주의 에너지 총량은 정해져 있고, 우리가 할 수 있는 것은 그것으로 제로섬 방식의 거래를 하는 것뿐이다. 즉 어딘가의 에너지 획득은 다른 어딘가의 에너지 손실과 정확히 일치한다. 이것이 절대적이고 근본적인 물리법칙이다. 이것을 에너지 보존의 법칙Law of Conservation of Energy이라고 한다. 흔히 에너지 절약의 의미로 쓰이는 에너지 보존과 혼동하지 말아야 한다. 그것과는 완전히 다른 개념이다.

줄의 열역학 에너지 실험은 에너지 보존의 법칙이 가장 유명하고 가장 현대적인 형태로 정립되는 데 크게 기여했다. 이 법칙의 골자는 이렇다. 에너지는 결코 새로 만들어지거나 파괴될 수 없으며 다만 형태가 변할 뿐이다. 줄은 이를 증명하기 위한 흥미로운 실험을 제안했다. 그는 폭포물이 강으로 떨어지면서 위치에너지가 열에너지로 변해 폭포 아래의 물 온도가 꼭대기의 온도보다 높을 것으로 생각했다. 그는 몇 번의 계산을 통해 나이아가라폭포의 아래가 위보다 5분의 1도 더 따뜻할 것으로 예측했다.[13] 하지만 안타깝게도 이 폭포 이론은 실증되지 못했다. 줄이 1847년 프랑스 샤모니 몽블랑으로 신혼여행을 가면서 폭포 온도를 측정할 요량으로 고성능 온도계까지 여럿 개 챙겨갔건만 실험은 실패로 돌아갔다. 폭포의 물보라가 너무 심해서 물 온도를 정확하게 잴 수가 없었던 것이다.[14]

1ℓ의 물을 끓인다는 건 어떤 작용을 말하는 걸까? 우리는 이런저런 방식으로 냄비에 378kJ의 에너지를 먹인다. 378kJ의 전기에너지를 전선을 통해 주전자의 발열소자에 주입하거나 378kJ의 가스를 레인지 열판에 주입한다. 냄비를 통한 열 손실을 막을 수 있다면 이론적으로는 초고속 손목 돌리기 신공으로 물을 휘저어 378kJ의 에너지를 공급할 수도 있다. 이 경우 에너지는 여러분의 몸에서, 아마도 방금 게걸스럽게 먹어치운 초콜릿칩 쿠키에서 나온다. 일단 그렇다 치자. 물이 끓을 즈음이면 여러분의 몸은 378kJ의 에너지를 잃고 대신 물이 열의 형태로 동량의 에너지를 얻는다. 그 뜨거운 물을 마시면 물에 들어간 열에너지의 일부를 회수하게 된다. 뜨거

운 음료는 몸을 덥혀주기 때문에 몸이 체온 유지를 위해 애쓸
필요가 그만큼 줄어든다.

왜 아플까?

에너지의 양은 에너지와 하등 관계없어 보이는 현상을 설명
하는 데도 유용하다. 예를 들어 자동차는 충돌 시 왜 구겨지
는지, 증기로 인한 화상이 왜 끓는 물로 인한 화상보다 아픈
지, 사다리에서 떨어지는 것이 왜 위험한지 등. 세 가지 경우
모두 답은 같다. '에너지가 어디로든 가야 하기 때문'이다. 다
시 말해 이유는 에너지 보존의 법칙이다.

자동차가 충돌했을 때

무게 1,500kg의 스포츠카를 몰고 시속 150km로 고속도로
를 질주한다고 치자. 스포츠카는 움직이고 있기 때문에 에너
지를 갖는다. 이것을 운동에너지라고 하며, 운동에너지는 꽤
간단한 수학공식으로 계산할 수 있다. $\frac{1}{2} \times m \times v^2$.[15] 여기
서 m은 질량이고 v는 속도다. 이 공식에 해당 수치를 대입하
면 스포츠카는 1MJ(메가줄) 조금 넘는 에너지를 가진다. 그러
다 충돌하면 속도가 0이 되면서 운동에너지가 없어진다. 다

시 말해 충돌은 1MJ의 운동에너지를 눈 깜짝할 사이에 방출하는 행위가 된다. 이 경우 전력은 손실 에너지를 충돌에 걸리는 시간(초)으로 나눈 값이다. 따라서 만약 스포츠카가 예를 들어 0.5초 만에 박살났다면 $1MJ \div 0.5$초 $= 2MW$의 전력으로 에너지를 소진한 셈이고, 이는 대략 증기기관의 전력과 같다. 이것이 자동차 충돌사고가 끔찍이 위험한 이유이며, 사고가 나면 자동차가 납작하게 쭈그러지는 이유다. 충돌이 일어나는 시간이 길면 자동차와 그 안에 타고 있는 사람들에 미치는 힘이 줄고, 따라서 생존 가능성이 높아진다.

자동차 충돌사고에서 별 탈 없었다면, 자동차가 충돌 시 차체가 일부러 구겨지게끔 설계돼 있다는 것에 감사하자. 운동에너지를 되도록 천천히 분산해 탑승자의 몸에 미치는 충격을 줄이고 인명피해를 최소화하기 위한 것이다. 차 상태가 보기 흉할수록 더 고마워해야 한다. 차가 살아남지 못했기 때문에 내가 살아남을 수 있었다. 이렇게 자신을 희생해 남을 구하는 살신성인 기능이 자동차의 기본 설계 사양이다. 이론적으로는 어떠한 충돌에도 스크래치 하나 없이 멀쩡할 불멸의 자동차를 설계할 수 있다. 하지만 그 경우 충돌 시 아무것도 에너지를 흡수하지 않아서 탑승자의 몸에 가해지는 힘이 엄청날 것이고, 가벼운 추돌사고도 치명적 결과를 낳을 수 있다.[16]

뜨거운 주전자를 만졌을 때

정확히 같은 원리가 주전자 화상에도 적용된다. 뜨거운 물에 있는 에너지가 어딘가로 가야 하고, 그 에너지가 자칫 우리의 손가락으로 직행해서 생체조직을 익혀버린다. 섭씨 100도의 증기는 같은 온도의 물보다 훨씬 많은 열에너지를 포함한다. 물 분자들을 강제로 벌려서 뜨거운 기체로 바꾸기 위해 더 많은 에너지가 투입됐기 때문이다. 뜨거운 김에 손을 넣으면 열을 두 번 맞는 것과 같다. 손에 닿은 증기가 다시 끓는 물로 변하면서 손이 그 열을 흡수하고, 끓는 물이 손 온도로 식을 때 손이 다시 그 열을 흡수한다.

사다리에서 추락했을 때

사다리를 오르는 데는 에너지가 필요하다. 그러다 사다리에서 떨어지면 그 에너지가 어딘가로 가야만 한다. (이때의 에너지를 위치에너지potential energy라고 한다. 물체가 위치에 따라 잠재적으로 가지는 개념상의 축적에너지를 말한다.) 이 에너지는 곧장 추락한 몸으로 간다. 만약 누군가 사다리로 지붕(10m)에 올라갔고 이 사람의 몸무게가 75kg이라면 이 사람의 위치에너지는 7,500J이다.[17] 이 사람이 사다리에서 떨어져 머리를 콘크리트 바닥에 찧었고 이 충돌이 0.1초 걸렸다 치자. 이 사람의 몸이 75,000W(75kW)로 에너지를 방출한 셈이다. 머리에 미치는 힘은 몸이 에너지를 방출하는 속도와 직결된다. 즉 에너지가 빨리 방출될수록 더 아프다. 수치를 대입하면, 머리가 받는 충격이 악어가 무는 힘에 근접함을 알 수 있다.[18] 뼈를 부러뜨리고도 남는 힘이다. 심지어 죽을 수도 있다. 떨어지면 아픈 이유? 사람이 추락사하는 이유? 이게 다 에너지가 어딘가로 가야 하기 때문이다.

위층과 아래층

줄과 와트의 이야기—결국은 돈 이야기—에서 의심의 여지 없이 분명한 점이 하나 있다. 우리가 하는 모든 일에는 에너지가 소요되고, 어떤 식으로든 비용이 발생한다. 이것이 에너지보존의 법칙이 전하는 나쁜 뉴스다. 좋은 뉴스는 에너지 소비가 돈을 태워 추위를 막는 것처럼 100% 무모한 일만은 아니라는 것이다. 가끔은 우리가 에너지를 다시 회수하기도 한다.

집 위층으로 올라갈 때 우리는 먹은 음식을 에너지로 전환한다. 이 잠재에너지(위치에너지)는 나중에 다른 일에 쓸 수 있다. 자기 집 아래위층을 소방관용 장대로 연결해놓은 괴짜라면 장대를 타고 아래층으로 쭉 미끄러져 내려가며 이 위치에너지를 바로 회수할 수 있다. 이때 위치에너지는 운동에너지(운동과 속도)로 전환된다. 인간 버전 햄스터 쳇바퀴(벨트-도르래-기어 장치)를 만든다 치자. 바퀴를 돌리면서 얻는 운동 에너지를 전기로 바꿀 수 있다. 프로세스의 매 단계에서 약간의 비효율(열과 소음을 만드느라 낭비되는 에너지)이 발생하기 때문에, 내려올 때 벌어들인 전기에너지가 올라갈 때 소비한 에너지(음식 열량)와 동일하지는 않겠지만 어쨌든 얼마간은 다시 건질 수 있다. 물론 이 과정이 이미 먹은 고열량 음식을 돌려주지는 않는다. 에너지 보존의 법칙상으로는 가능하지만, 아직 우리는 엠파이어스테이트 빌딩 꼭대기까지 헉헉대며 올라갔다가 1층으로 돌아왔을 때 먹어없앤 초콜릿칩 쿠키가 다시 짠! 하고 나타나는 메커니즘을 발명하지 못했다. 이는 중요한 교훈이다. 우리가 쓰는 대부분의 에너지—공복에 먹어대는 음식, 스포츠카가 들이켜는 휘발유—는 비싸고 돌이킬 수 없이 흩어져버린다. 에너지는 소중하며, 지구가 보유하는 에너지의 양은 한정적이다. 우리는 에너지 낭비를 막을 궁리를 해야 한다.

동그라미 소 이야기

뜬금없이 동그라미 소가 뭐야? 자, 설명하겠다. 에너지 보존의 법칙은 과학자 버전의 잘 관리된 은행계좌와 같다. 하지만 현실의 회계는 절대로 그렇게 딱딱 들어맞지 않는다. 과학과 현실의 공통점이 있다면 과학도 현실만큼이나 사람 환장하게 한다는 거다. 월급이 수십 개의 고지서들로 야금야금 깎여서 언제 있었냐는 듯 없어지듯이 용케 우리 손에 들어온 가용에너지도 여러 잡다하고 헛된 방식으로 소멸되기 일쑤다. 다시 말해 우리가 하는 거의 모든 일은 끔찍하게 비효율적이다. 세상사에는 단순한 과학 공식이 말하는 것보다 훨씬 더 많은 에너지가 든다.

초콜릿칩 쿠키 하나를 먹었다고 거기 함유된 에너지가 몸에 순식간에 흡수돼 똑같은 양의 잠재에너지로 마법처럼 나타나지 않는다. 우리가 먹는 에너지는 대부분 변환 중에 사라지고, 실제로는 고작 20% 정도만 과학자들이 유용한 '기계적 작업(예를 들면 계단 오르기)'이라고 부르는 일을 하는 데 소용될 뿐이다. 긍정적으로 보면 심한 죄책감 없이 초콜릿칩 쿠키를 먹을 수 있다는 의미이지만, 부정적으로 보면 자동차 유지비가 왜 그렇게 많이 드는지에 대한 이유이기도 하다. 우리가 차에 들이붓는 에너지의 겨우 15%만이 우리가 도로를 달리는 데 쓰인다.

현실은 과학이론보다 훨씬 더 너저분하다. 과학이론까지 갈 것도 없다. 내가 이 책에서 이용하는 초간단 사례들 모두 현실과 심한 괴리가 있다. 숟가락으로 물을 맹렬히 휘젓는 방법으로 커피 물을 끓인다? 어느 세월에? 사실 가당치 않는 소리다. 아무리 열심히 저어도 이 방법으로는 절대 물을 비등점에 이르게 할 수 없다. 열을 추가함과 동시에 열이 컵에서 빠져나가기 때문에 순(純)온도 상승은 일어나지 않는다. 다이너모에 연결된 쳇바퀴를 죽어라 돌리는 햄스터도 우리의 커피물을 데우지 못한다. 물이 끓기 억만 년 전에 지루해서 또는 지쳐서 죽을 테니까. 1,000W짜리 진공청소기도 우리에게 1,000W만큼의 흡입력을 발휘하지 않는다. 진공청소기가 전원 케이블에서 빨아들이는 에너지의 상당 부분이 모터의 열과 소음으로 사라진다.

하지만 만약 과학자들이 연구과제의 세부사항에 시시콜콜 연연한다면? 그럼 과학의 진척이란 없을 거다. 단순화는 중요한 것들에 거칠지만 유용한 답을 제공해 본론에 바로 진입하게 해준다. 물론 너무 심한 비유는 금물이다. 우리의 아인슈타인이 현명하게 말했듯, 과학은 최대한 단순해야 하지만 너무 단순하면 안 된다. 과학에서 자주 언급되는 농담이 있다. 세계 최고의 과학자들을 모아놓고 목장의 우유 생산량을 향상할 방법 같은 정말로 실용적인 질문을 한다면 어떤 일이 일어날까? 과학자들은 며칠 동안 수염을 벅벅 긁다가 다음 며칠 동안 칠판에 벅벅 공식을 써대다가 '젖소들을 진공상태를 떠다니는 구체로 전제한다'라는 깨알 같은 각주가 달린 97쪽짜리 답을 자랑스럽게 내놓을 것이다.

진공상태에 떠 있는 구체의 소

슈퍼히어로로
되는 법

#지레 #빗면

이번 장에서 알아볼 것

- 모든 도구에 적용되는 단 하나의 원리가 뭘까?
- 전기드릴로 집에 불을 지를 수 있을까?
- 부엌칼과 골프채의 공통점은 무엇일까?
- 지구를 들어 올릴 수 있는 지렛대의 길이는 얼마나 될까?

여러분은 자신을 슈퍼히어로

로 생각하는가? 그렇게 생각하지 않을 이유가 없다. 여러분은 맨손으로 벽을 허물고, 벽돌에 구멍을 뚫고, 자동차를 들어올릴 수 있다. 어떻게? 물론 우리의 보잘것없는 신체만으로는 어렵다. 하지만 망치, 잭, 드라이버 같은 가정용 공구에 내장된 과학 트릭의 도움을 좀 받고, 커피그라인더, 세탁기, 공기드릴, 고압세척기 같은 기계에 동력을 좀 공급하면 가능하다.

인간 기계

뼈가 부러진 적이 없다면, 우리는 피부 아래 숨어 있는 골격을 구태여 의식하지 않는다. 죽음의 망령이 연상되는 해골을 자꾸 떠올려봤자 별로 유쾌하지 않다. '눈에서 멀어지면 마음에서도 멀어진다'는 말은 우리 몸속의 허연 비계에도 딱 들어맞는다. 우리의 골격은 건물로 치면 마천루를 떠받치는 철골 프레임에 해당한다. 하지만 골격이 몸무게만 지탱하는 게 아니다. 골격이 없으면 근육이 제대로 힘을 쓸 수 없다. 골격은 우리가 걷고, 뛰고, 물건을 들어올리는 등 주변 환경에 능동적으로 대처하며 살아가게 해준다. 골격은 한마디로 우리 몸속의 기계다.

우리가 일상에서 접하는 기계는 크레인, 불도저, 엔진, 또는 청바지부터 자동차까지 온갖 제품을 찍어내는 로봇 조립라인과 같다. 하지만 과학에서 말하는 기계란 이보다 단순하다. 용어조차 단순기계simple machine다. 단순기계에는 티스푼과 손수레부터 볼펜과 드라이버까지, 힘을 부양하는 것이라면 무엇이든 해당된다. 우리 골격은 줄만 없을 뿐 꼭두각시나 다름없고 따라서 우리 몸도 단순기계처럼 작동한다. 손가락과 발가락, 손발, 팔다리, 그리고 그 밖의 모든 것. 인체의 뼈와 관절은 거의 다 지레처럼 작동한다. 인체의 움직임과 힘이 지레의 원리 하나로 설명된다. 뇌와 내장을 빼면 인간은 그저 단순기계에 지나지 않는다.

동네 철물점에 가보자. 수백 가지 도구가 있지만 결국은 서너 가지로 분류된다. 다들 지레, 바퀴, 쐐기 중 하나다. 이 세

가지가 단순기계의 주종이다. 예를 들어 손수레는 지레의 일종이고, 바퀴도 마찬가지다. 기어와 도르래도 지레다. 한편 부엌칼, 끌, 나사못은 빗면(ramp, 경사로)과 같은 방식으로 작동한다. 이들 도구가 부리는 다양한 시간 절약 마술도 알고 보면 과학적 개념 몇 가지로 요약된다.

모든 기계의 원리, 지레

아르키메데스(Archimedes, 과학의 초석을 놓은 수염 난 대머리 고대 그리스 학자)가 유명한 말을 했다. "충분히 긴 지렛대만 있으면 지구도 들어올릴 수 있다." (내가 계산을 해봤는데, 그러려면 지렛대의 길이가 지구와 태양 사이 우주공간의 5,000억 배에 달하는 8,000만 조 km이어야 한다.[1]) 지레는 모든 기계의 아버지다. 도구 대부분이 지레의 원리에 기반한다. 지레는 막대의 한 지점을 받치고 그 받침점에 작용하는 회전력torque을 이용해 물체를 움직이는 도구다. 지레가 길수록 거기에 가하는 힘을 더 많이 늘려준다. 이 원리를 터무니없이 극단화한 것이 아르키메데스의 지구 행성 들어올리기 비유다. 우리는 문을 열거나 뚜껑을 조이는 등의 일상적인 일에 지레를 사용하는 걸로 만족하자. 렌치, 스패너, 크로바가 지레의 대표적인 예다. 하지만 손잡이, 스위치, 심지어 두루마리 화장지를 포함한 다양한 물건 또한 지레의 원리에 기반한다.

흥미롭게도 바퀴도 알고 보면 지레다. 수도꼭지를 생각하면 이해가 쉽다. 수도꼭지란, 평소에 물을 잠가뒀다가 필요할 때 돌려서 압력을 푸는 밸브다. 대개의 수도꼭지는 비틀기 좋게 가로대 형태인데, 이는 딱 봐도 작은 지레다. 가로대가 길수록 지레 효과가 커져 물을 쉽게 틀고 잠글 수 있다. 손이나 팔에 관절염이나 장애가 있는 경우, 기다란 막대형 수도꼭지가 있으면 손등이나 팔꿈치로 툭툭 건드려 물을 틀고 잠글 수 있다. 수도꼭지 중에는 바퀴처럼 생긴 것들도 있다. 눈치가 없는 사람도 바퀴는 데이지꽃처럼 둥글게 배열된 지레란 걸 알 수 있다. 수도관이나 가스관의 멈춤 꼭지stopcock를 생각해보라. 동시에 바퀴와 지레로 작용한다.

지레는 두 가지 상반된 방식으로 내가 가하는 힘이나 속도를 증강한다. 지레의 끝을 돌리는 것은 뻑뻑한 너트를 스패너로 돌리는 것과 같다. 지레의 끝을 밀어서 원을 그리며 돌리면 원 중심부에는 더 느리지만 더 강한 회전력이 발생한다. 반대로 지레의 반대쪽 끝(원 중심부)을 돌릴 수도 있다. 그런 경우가 도끼를 휘두를 때다. 원의 중심에서 어깨가 회전할 때 원의 끝에서 도끼자루가 길게 회전하면서 속도가 붙고, 무거운 도끼머리가 나무를 반으로 쪼갠다.

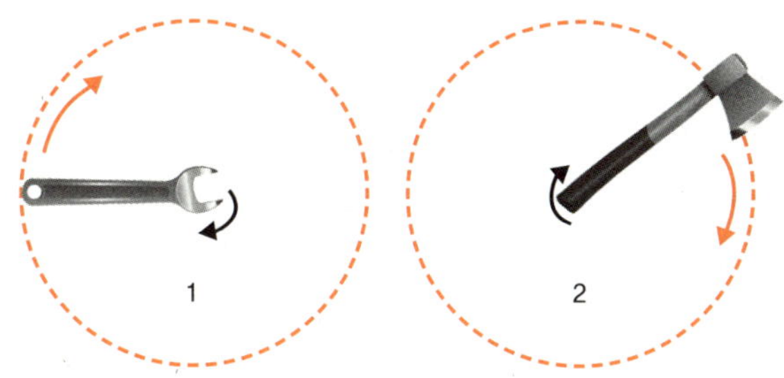

지레는 힘이나 속도를 배가하지만 그 둘을 동시에 늘리지는 않는다 1. 스패너 끝에 적당한 회전력을 가하면(주황색 화살표) 중심부의 너트는 더 느리지만 더 강하게 회전한다(검은색 화살표). 2. 도끼를 쓸 때는 이 현상이 반대로 일어난다. 도끼자루를 세게 휘두르면(검은색 화살표) 도끼 끝에 속도가 생긴다(주황색 화살표).

바퀴의 원리

바퀴는 끝내주는 발명품이다. 5,000년 전에 등장한 이래 딱히 변형도 없이 내내 잘 굴러왔다. 바퀴는 우리에게 한 곳에서 다른 장소로 이동할 기동력을 준다. 하지만 집 안에도 바퀴가 산재한다. 세탁기, 달걀거품기, 전기드릴, 커피그라인더, 컴퓨터 하드드라이브, DVD 플레이어 등등 바퀴에 의존하는 가정용품은 수도 없다. 바퀴는 인류사상 최고의 발명품이며, 없는 곳을 찾아보기 힘들다. 그런데 우리는 바퀴의 작동 원리를 얼마나 알고 있을까?

바퀴의 두 가지 작동 원리 중 간단한 것부터 짚어보자. 일단 바퀴는 지레처럼 작동한다. 바퀴가 커질수록 지레 효과도 커진다. 바퀴 림을 일정량의 힘으로 돌리면, 바퀴 허브(지레의 중심점)는 더 느리지만 더 강한 힘으로 돌게 된다. 이것이 파워핸들이 대중화되기 전 트럭과 버스의 핸들이 그토록 거대했던 이유다. 바퀴의 작동 원리가 한 가지 더 있다. 이 원리는 훨씬 미묘하다.

두루마리 화장지가 잘 풀리는 이유

킴벌리-클라크Kimberly-Clark의 화장지 브랜드 안드렉스Andrex는 매년 영국에서 '부드럽고, 질기고, 아주, 아주 긴' 화장지를 약 1,300만 km나 팔아치운다. 성공의 비결은 오래전부터 안드렉스 화장지 TV 광고에 등장해온 귀여운 강아지다. 광고에서 장난꾸러기 골든 래브라도 강아지가 화장지 끝을 물고 달아나는 바람에 화장지 롤이 순식간에 다 풀어져 집 안을 뒤덮어버린다.

이 단순한 개그 이면에 교묘한 과학 원리가 있다. 두루마리 화장지는 그 자체로 바퀴이며, 바퀴는 지레처럼 작동한다. 즉 바퀴가 클수록 레버리지가 커진다. 빈 롤보다 꽉 찬 롤이 화장지를 풀기가 쉽다. '바퀴'의 지름이 더 커서 가장자리가 레버리지를 더 받기 때문이다. 일단 롤이 회전하기 시작하면 모멘텀(momentum, 움직이는 물체의 추진력을 말하며 물체의 질량과 속도를 곱한 물리량)이 붙는다. 모멘텀은 트럭이나 유조차처럼 무거운 차일수록 정지하는 데 시간이 많이 걸리는 이유를 설명할 때 등장하는 용어다. 꽉 찬 롤은 빈 롤보다 무겁고, 그 질량은 화장지 심지 주변에 집중돼 있다. (과학용어로는 관성모멘트moment of inertia가 높다고 말한다. 관성모멘트는 회전축을 중심으로 회전하는 물체가 회전을 지속하려는 관성의 크기를 말한다.) 롤은 일단 회전을 시작하면 옛날 견인기관차의 무거운 플라이휠처럼 자체 모멘텀 때문에 스스로 계속 회전한다. 이것이 화장지가 손쓸 틈도 없이 풀려서 바닥을 뒤덮는 이유다.

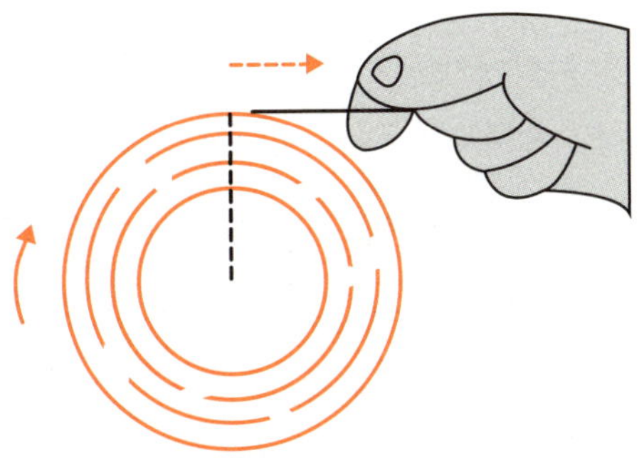

두루마리 화장지 돌리기 화장지 롤을 잡아당기면 롤은 각운동량angular momentum(직선)을 가지고 회전한다. 각운동량은 회전하는 물체의 회전운동의 크기를 말한다. 롤에 화장지가 많이 감겨 있을수록 바퀴의 지름이 커지고, 레버리지(점선)가 커진다.

바퀴가 마찰을 줄이려면?

바퀴 네 개를 두 개의 차축에 나눠 달면 수레가 된다. 수레가 있으면 무거운 짐을 옮길 때 편리하다. 손에 짐을 들고 흙바닥에 질질 끌고 가는 것보다 훨씬 쉽다. 누구나 아는 사실이다. 그런데 왜 쉬운 걸까? 바퀴는 어떤 원리로 짐 운반을 쉽게 만들까? 모든 것은 힘의 작용, 다시 말해 바퀴들이 차축이라는 가느다란 쇠막대기를 중심으로 회전하는 방식과 관계있다. 땅바닥에 납작하게 누워 말에 연결된 밧줄에 묶여 끌려간다고 상상해보라. 몸의 전체 표면이 땅에 긁히기 때문에 상당히 고통스러울 것이다. 말도 고생이다. 몸과 땅 사이의 마찰 저항을 거슬러야 하기 때문이다.

이제 자신을 인간 수레로 만들어보자. 몸을 대자로 쫙 펴고 양쪽 엄지손가락과 양쪽 엄지발가락을 차축 삼아 거기다 각각 한 개씩 바퀴 네 개를 끼운다. 몸이 땅에 닿지 않게 힘을 주고 버틸 수 있다고 가정하자. 이번엔 어떤 느낌일까? 몸 전체가 땅을 긁어대는 대신, 바퀴가 엄지손가락과 엄지발가락을 중심으로 돌면서 살을 살살 문지른다. 먼젓번에 느꼈던 거대한 마찰이 대폭 줄어들었다. 마찰을 움직이는 물체 자체(몸 전체)에서 차축(엄지손가락과 엄지발가락)으로 이동한 결과다. 이것이 바퀴 작동 비법이다. 바퀴는 마찰을 차축으로 전달해

바퀴는 마찰을 차축으로 옮겨 저항을 줄인다 1. 바퀴 없이 질질 끌려가면 온몸의 아랫면이 거친 땅에 쓸리는 불쾌한 경험을 하게 된다. 2. 엄지손가락과 엄지발가락에 바퀴를 끼우면 거기가 마찰력을 받는 유일한 곳이 되고, 따라서 훨씬 용이하게 움직일 수 있다.

마찰을 줄인다. 아직 약간의 마찰은 극복해야 하기 때문에 수레를 옮기는 데 여전히 힘이 좀 들어가지만 이제는 걱정이 대폭 줄었다. 여기에 바퀴의 레버리지까지 거든다. 수레를 뒤에서 밀면 바퀴들이 지레 역할을 해서 미는 힘을 배가시키고, 결과적으로 바퀴가 더욱 원활하게 차축을 돌면서 남은 작은 마찰을 극복한다.

빗면의 원리

트럭에 자갈을 적재하는 작업은 뼈 빠지게 힘들다. 돌을 자루에 담아서 직접 트럭에 싣다가는 정말로 뼈가 빠질지도 모른다. 하지만 돌을 수레에 쌓은 다음 트럭에 대놓은 빗면(경사로)으로 나르면? 그러면 일이 훨씬 쉬워진다. 여기서 수레뿐 아니라 빗면도 엄연한 기계다. 하중의 움직임을 보면 경사로가 지레처럼 작동한다는 것을 알 수 있다. 물체를 경사로로 밀어올릴 때 하중이 위를 향하기 때문에(공중으로 들리기 때문에) 결과적으로 지레 효과가 있다.

에너지를 생각하면 빗면의 원리를 보다 쉽게 이해할 수 있다. 200kg의 자갈을 들어서 땅에서 1m 높이의 트럭에 싣는다 치자. 자갈을 트럭에 어떻게 싣든지 (에너지 보존의 법칙에 따라) 거기 드는 에너지의 양은 같다. 이때 필요한 최소 에너지양은 2,000J이다.[2] 자갈을 자루에 채워 똑바로 들어올리는 경우 2,000W의 일률로 에너지를 쓰는 것이다. 전기포트나 전기토스터만큼 빡세게 일하는 셈이다. 하지만 자갈을 수레에 담아서 완만한 경사로로 약 4초에 걸쳐 밀어올리는 경우는 똑같은 2,000J의 에너지를 네 배 느리게, 즉 500W의 일률로 쓰게 된다(이 경우 일의 강도는 핸드블렌더와 비슷하다). 녹슬어 삐걱대는 바퀴 때문에 마찰에너지와 소리에너지로 잃는 분량을 무시한다면, 4분의 1만 힘들여 일해도 된다는 뜻이다. 수레와 경사로를 이용하면 같은 양의 자갈을 자루에 담아 수직으로 올리는 것보다 힘이 적게 든다. 단점이 있다면 수직으로 들어올릴 때보다 긴 거리를 움직여야 한다는 것이다. 같은 힘을 긴 거리에 걸쳐 분배한다고 할까. 빗면의 경사가 완만할수록 힘이 적게 들지만 거리는 더 길어진다. 이는 어떤 방법을 쓰든 결국 같은 양의 에너지를 써야 함을 의미한다. 힘은 4분의 1만 들지만 대신 네 배 오래 일해야 한다.

나사못도 빗면이다

아이스크림콘을 거꾸로 세워놓은 형태의 뾰족한 언덕을 상상해보자. 길이 나선을 그리며 언덕 밑부터 꼭대기까지 나 있다. 점점 익숙한 모양이 되어 가지 않나? 이제 언덕을 새끼손가락 크기로 줄이고 소재를 강철로 바꾸자. 자, 우리 앞에 있는 것은 나사못이다. 나사못도 결국은 나선형으로 도는 빗면이고, 빗면과 정확히 같은 방식으로 작동한다.

나사못으로 벽에 받침대를 달아서 책꽂이를 만든다고 치자. 한 가지 방법은 망치로 나사못을 벽에 바로 박아 넣는 것이다. 나사못을 평범한 못으로 취급하는 것이다. 이 방법은 꽤 많은 힘을 요한다. 벽이 엉망으로 망가지는 건 덤이다. 다른 방법은 나사못을 나사못답게 쓰는 것이다. 바로 스크루드라이버로 나사못을 돌려서 벽에다 끼워넣는 방법이다. 손목을 틀어 드라이버를 돌릴 때마다 나사못이 조금씩 벽으로 파고든다. 이렇게 하면 언덕을 구불구불 올라가거나 수레를 경사로로 밀어올릴 때처럼 속도를 줄이는 대신 적은 힘으로 나사못을 박을 수 있다. 편한 만큼 시간은 더 오래 걸린다. 이 경우 손과 손목도 바퀴처럼 작용하면서 돌리는 힘을 배가한다. 일부 스크루드라이버는 손잡이가 수평으로 붙어 있어 더 많은 레버리지를 낸다.

전기드릴로 집을 홀랑 태울 수 있을까?

물체를 다른 물체에 비비면 어떤 일이 생길까? 물체의 운동을 방해하는 마찰 때문에 열이 발생한다. 전기드릴을 가동하면 짧은 시간 내에 상당한 마찰이 일어난다. 드릴의 전원 케이블로 투입된 에너지의 대부분은 결국 열이 돼서 벽, 드릴날, 모터를 뜨겁게 만든다. 최초(원시시대)의 드릴이 구멍을 내는 용도가 아니라 불꽃을 일으켜 불쏘시개에 불을 붙이는 용도였다는 건 우연이 아니다. DIY 좀 한다 하는 사람들은 드릴을 벽에서 뗀 직후에 절대로 만지지 않는다. 이때 이런 의문이 든다. 그럼 드릴을 오래 돌리면 집에 불이 날 수도 있지 않을까? 계산해보자.

얼마나 뜨거워질 수 있을까?

200~400℃에서 불이 붙는 단단한 목재에 드릴을 박는다고 치자.[3] 점화 온도를 가장 높게 잡고, 목재의 열전도율이 낮아서 드릴날 때문에 가열되는 부분이 매우 적다고 가정하자. 예컨대 목재의 250g만 가열된다고 치자. 목재의 비열용량(specific heat capacity, 1kg의 온도를 1℃ 높이

는 데 필요한 열량)은 약 2kJ이다. 즉 목재 1kg의 온도를 1℃씩 높이는 데 2,000J의 에너지가 든다. 실내 온도가 약 20℃일 때 목재를 380℃까지 가열해야 하므로, 대략 $380 \times 2,000 \times 0.25 = 190kJ$의 에너지가 필요하다. 전기드릴의 전력을 750W로 잡아보자. 우리의 드릴은 매초 750J의 전기에너지를 써서 (가정컨대) 750J의 역학적 에너지를 방출하고 이 에너지는 전량 열로 전환된다. 다시 말해 약 250초(고작 4분) 동안 드릴을 돌리면 벽에다 불을 지를 수 있다는 얘기다.

진짜 불이 날까?

갑자기 DIY가 위험하게 느껴진다. 정말 그럴까? 하지만 위의 가정들은 다소 억지스럽다. 구멍 하나 뚫는 데 드릴을 4분이나 돌려야 한다면 그건 이미 드릴이 아니다. 거기다 드릴의 에너지가 모두 목재로 가지도 않는다. 드릴날이 닿는 벽은 드릴에서 열을 얻는 것과 동시에 잃는다(벽의 다른 부분들로 열을 전달한다). 또한 위의 가정에 적용한 수치들은 어림짐작에 불과하다. 그런데 만약 드릴이 목재의 아주 적은 부분만, 예를 들어 구멍 속의 먼지만 가열한다면? 만약 목재가 200℃에서 불이 붙는다면? 그 경우에는 전기드릴로 나무 벽에다 불을 붙이는 일이 영 불가능하지만도 않다. 하지만 진짜 위험은 벽이 아닌 다른 곳에 있다. 바로 드릴 사용으로 생긴 톱밥이나 나무 부스러기에 불이 붙는 것이다. 가루는 산소를 잔뜩 품은 소립자들이라서 훨씬 쉽게 불이 붙는다. 이것이 원시시대에 나뭇가지를 이용한 마찰 점화법이 통한 이유다. 거기다 오늘날의 전기드릴은 원시시대의 나뭇가지보다 훨씬 강력하다는 것을 잊지 말자.

연장의 과학

지레, 바퀴, 빗면. 우리 주위의 도구 뒤에 숨은 과학적 비법들이다. 대개의 DIY 연장들은 이 기발하고 영험한 발상을 두 개 이상 결합해 만들어진 것이다.

외바퀴 손수레

몇 가지 단순기계가 결합해 하나의 유용한 도구가 된 대표적인 예가 손수레다. 손수레는 앞쪽에 달린 바퀴를 중심으로 회전하므로 일단은 지레처럼 작동한다. 다시 말해 무거운 짐을 옮길 때 되도록 앞에 바싹, 최대한 바퀴 가까이에 싣는 게 유리하다. 손수레의 금속 컨테이너와 거기 연결된 손잡이가 하나의 기다란 지렛대로 작용해 짐을 들어올리는 것을 용이하게 한다. 일단 수레 손잡이를 들어서 밀기 시작하면 바퀴와 차축이 삐걱대며 뒷일을 맡고, 짐을 트럭에 옮길 때는 경사로가 지원군이 된다.

도끼

통나무를 패려면 묵직한 도끼가 제격이다. 기다란 도끼자루가 지레가 되어 어깨를 축으로 도는 팔의 스윙을 연장한다. 길게 뻗은 팔도 상체가 척추를 축으로 회전하며 얻는 레버리지를 확장한다. 두 발을 땅에 단단히 고정하고 몸을 힘차게 휘두를수록 레버리지가 커진다. 말하자면, 도끼를 휘두를 때 적어도 세 개의 지레가 동시에 작동한다. 이들의 공동 목표는 도끼머리를 최대한 빠르게 가속해 나무를 내리칠 때의 속도와 에너지, 다시 말해 파괴력을 극대화하는 것이다. 그런데 막상 도끼머리는 다른 방식으로 작동한다. 즉 쐐기 모양의 도끼날이 빗면처럼 작동한다. 도끼로 통나무를 내리치면 나무가 도끼날의 경사면을 따라 비스듬히 밀리면서 쪼개진다. 이렇게 하면 훨씬 적은 힘으로 나무를 둘로 쪼갤 수 있다. 수레를 수직으로 들어올리는 것보다 경사로를 따라 밀어올리는 것이 훨씬 용이하듯이, 이와 정확히 같은 원리다.

망치

망치도 도끼와 크게 다르지 않다. 손잡이가 길수록 휘두를 때 레버리지가 많이 붙어서 더 세게 내려칠 수 있다. 하지만 우리가 망치에게 바라는 것은 도끼와 전혀 다르다. 우리가 망치를 들 때의 목적은 못을 벽에다 최대한 깊이 박는 거다. 망치는 두 가지 방식으로 이 일을 해낸다. 일단 망치머리가 못대가리보다 훨씬 크기 때문에 망치의 타격과 함께 도달하는 힘이 훨씬 좁은 면적에 집중된다. 좁아진 만큼 엄청나게 증폭된 힘이 못을 벽에 쑥 밀어넣는다.

유효타가 하나 더 있다. 망치는 못보다 훨씬 무겁다. 망치와 못을 축구선수가 걷어차기 직전의 축구공으로 생각해보자. 선수의 발이 공에 빠르게 도달할수록(근육질의 다리가 지레로 작용해 발의 속도를 높인다) 발이 갖는 에너지가 커진다. 에너지 보존의 법칙에 따라 충돌 전 다리와 발에 있던 총 에너지는 충돌 후 다리, 축구화, 공에 분산된 에너지의 합과 같아야 한다. 선수가 공을 뻥 찰 때 공이 모든 에너지를 넘겨받는다.[4] 공은 다리와 발보다 훨씬 작고 가볍기 때문에 훨씬 빠르고 멀리 날아간다. 망치와 못에 일어나는 일도 이와 같다. 일반적으로 망치는 못보다 100배는 무겁고, 이런 현저한 질량 차이가 못을 벽에 박아 넣는다.

주사기

DIY 연장이 아니라도 같은 과학 원리로 작동하는 것이 많다. 예를 들어 주사기는 한쪽 끝에서 느리고 약하게 가해진 압력을 반대쪽 끝의 급작스런 액체 분출로 전환한다. 액체를 압축하는 건 사실상 불가능하다. 이것을 안다면 주사기의 마술을 어렵지 않게 이해할 수 있다. 1ℓ의 물을 그보다 약간이라도 작은 공간에 밀어넣을 수 있을까? 불가능한 얘기다. 이것이 배치기로 수영장 물에 떨어지는 것이 매트리스에 떨어지는 것보다 아픈 이유다. 높은 현수교에서 강으로 뛰어드는 건 말할 것도 없이 치명적이다. 물 분자는 건물 지반이 건물의 함몰을 막는 것과 똑같은 방식으로 압력에 저항한다. 고속으로 물을 들이받는 것은 콘크리트와 정면 충돌하는 것과 크게 다르지 않다.

이것이 실제로 의미하는 것은 물(또는 비슷한 액체)이 파이프로 힘을 전달하는 매체가 된다는 것이다. 파이프의 한쪽 끝으로 물을 찍 짜면 정확히 같은 양이 반대쪽으로 뿜어져 나온다. 파이프의 한쪽 끝을 다른 끝보다 크게 하면 그만큼 힘을 배가할 수 있다. 이게 유압식 기중기와 채굴기 같은 장비의 작동 원리다. 엔진구동펌프가 액체를 좁은 파이프로 쏘고, 이에 따라 유압 램(hydraulic ram, 실린더 속을 왕복하는 원통)이 들락날락하며 기중기의 붐이나 채굴기의 버킷을 위아래로 움직인다.

과학과 운동기구

DIY에 관심 없는 사람이면 스크루드라이버를 사용해본 적도 없고, 드릴이 얼마나 어떻게 유용한지 모를 수 있다. 하지만 아무리 연장 문외한이라 해도 단순기계까지 피하고 살기란 어렵다. 지레이자 쐐기로 작동하는 나이프부터 기어와 바퀴를 합쳐놓은 달걀거품기까지, 모든 종류의 주방

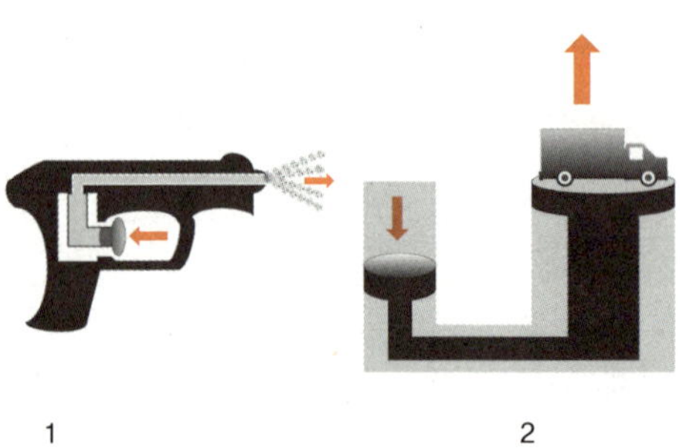

물의 작동 1. 비교적 세게 물총(또는 주사기)의 넓적한 피스톤을 누른다. 이로 인해 물이 좁은 통로로 밀려들어가 손이 방아쇠를 조이는 속도보다 빠른 속도로, 하지만 더 작은 힘으로 총 밖으로 뿜어져 나온다. 차를 들어올리는 데 쓰는 유압잭은 이와 반대로 작동한다. 2. 이번에는 액체를 좁은 파이프로 내리누른다. 눌린 액체가 더 넓은 통로로 밀려들어가며 급격히 느려지는 대신 훨씬 많은 힘을 만들어낸다.[5]

기구가 동일한 과학에 기반한다. 자동차도 결국은 레버, 바퀴, 기어에서 유압 브레이크(발로 누르는 주사기와 비슷하다)까지 같은 원리로 작동한다. 일을 하지 않는 주말에도 여러분은 도구 과학을 실천하고 있을 공산이 크다. 조깅, 수영, 축구, 골프 모두 팔다리의 지레 효과를 이용한다.

전략과 전술을 떠나 구기 종목의 과학은 결국 에너지를 몸에서 공으로 효율적으로 전달해서(때로는 야구 배트나 테니스 라켓 같은 매개물을 동원하기도 한다), 공을 정확히 원하는 위치로 또는 가능한 멀리 보내는 데 있다. 축구에서는 다리의 레버리지를 이용해 에너지와 모멘텀을 공으로 전달한다. 다리와 공의 질량 차이도 에너지의 효과적인 이행에 영향을 미친다. 발이 공과 오래 접촉할수록 충격량impulse이 커져 공이 더 많은 모멘텀을 얻는다. 물체에 힘을 가하면 운동 상태가 바뀌는데, 충격량은 이때 물체가 받은 충격의 정도를 말하며 충격의 힘과 시간을 곱한 값이다.

이것이 운동선수들이 타격 후에도 팔이나 다리를 쭉 뻗어 공을 따라가는 동작, 이른바 마무리 동작follow-through을 하는 이유다. 어떻게든 접촉 순간을 연장하기 위해서다. 호주 스포츠 물리학자 로드 크로스Rod Cross의 계산에 따르면, 테니스·소프트볼·야구에서 선수의 팔이 배트보다 약 여섯 배 무겁고, 배트가 볼보다 여섯 배 무거울 때 몸에서 공으로의 에너지 이행이 가장 효과적으로 일어난다.[6] 크리켓 배트나 테니스 라켓에 얻어맞은 공이 총알처럼 날아가는 이유? 배트의 에너지가 어딘가로 가야 하기 때문이다.

골프 같은 스포츠를 마스터하기 어려운 이유 중 하나는 스윙이 복잡해서다. 거기에는 여러 다양한 과학 요소가 동시에 작용한다. 골반을 중심으로 온몸이 회전하면서 레버리지를 주고, 그와 동시에 골프클럽이 회전하면서 또 레버리지를 준다. 이때 클럽과 공의 접촉이 얼마나 잘, 오래, 효과적으로 일어나느냐에 따라 클럽이 공에 전달하는 에너지가 달라진다. 테니스의 경우처럼 라켓과 공의 질량 차이도 중요하고, 여기에 탄도학과 기체역학(공의 비거리를 최대화하는 비행각도, 골프공 표면의 홈dimple의 공기역학적 기능, 백스핀 효과 등등)의 복잡 미묘한 세부 요소들이 관여한다. 모든 것을 종합해볼 때, 선수의 뇌는 연습이 완벽을 만든다는 고진감래의 정신으로만 풀 수 있는 방대한 계산 문제를 수행한다. 끝없는 '과학적 실험' 끝에 선수의 근육들이 정확히 언제, 어디에, 얼마의 힘을 적용할지 익히게 된다.

과학과 한 팀이 되자

엘리트 운동선수들은 과학적으로 생각할 수밖에 없다. 미세한 개선 사항이 경쟁 우위를 바꾼다. 하지만 아마추어들도 과학에서 얻을 게 많다. 과학은 과학적 방법scientific method을 취해야 한다. 이는 발견한 바를 바탕으로 세상의 작용 원리에 대한 이론을 제시하고, 이후 실험을 통해 얻은 증거를 통해 그 이론을 점진적으로 정제해나가는 것을 말한다. 나는 물속 움직임을 과학적 문제로 접근해서 혼자 수영을 터득했다. 뉴턴의 제3법칙(작용·반작용의 법칙)에 따르면 몸을 앞으로 내보내기 위해서는 물을 뒤로 당겨야 하고, 떠 있으려면 발을 차야 한다. 내게는 이 이론이면 충분했고, 몇 번의 간단한 텀벙대기 실험 만에 내 이론의 유효성을 검증했다. 테니스선수권대회부터 주방에서 당근 썰기까지 모든 종류의 문제를 과학으로 접근할 수 있다. 짬짬이 과학을 탐구해보자. 과학은 이기는 방법이다.

4장

자전거와
빵 반죽의 공통점

#바퀴 #마찰

이번 장에서 알아볼 것

- 자전거와 현수교의 공통점은 뭘까?
- 자전거는 어떻게 지레의 힘을 이용할까?
- 왜 경주용 바퀴는 크고 산악용 바퀴는 작을까?
- 다리털을 밀면 사이클 선수의 기록이 좋아질까?

<h1 style="color:#ee7722;text-align:right">사이클링 세계에서 변칙은</h1>

다반사다. 이층버스의 두 배 길이, 또는 성인 남자의 키보다 세 배 높은 자전거를 만들면 어떨까? 24명을 한꺼번에 태울 수 있는 자전거는? 또는 드래그 레이스(drag race, 단거리 가속을 겨루는 자동차 경주) 트랙의 슬립스트림(slipstream, 고속주행 중인 차량의 후방은 공기흐름이 흐트러져 기압이 낮아진다. 이 영역에 끼어들어가 뒤따라 달리면 공기저항을 적게 받는다)을 타고 인터시티 열차보다 빠르게 질주하는 자전거는? 놀랍게도, 《기네스 세계기록Guinness Book of World Records》에 의하면 이미 실현된 일들이다.

하지만 사이클링에서 진짜 논란이 된 변칙은 따로 있다. 투르 드 프랑스(Tour de France, 매년 7월 프랑스에서 개최되는 국제 사이클 대회로, 3주에 걸쳐 프랑스 전역을 일주한다)에서 일곱 번이나 우승한 랜스 암스트롱Lance Armstrong의 경우가 대

표적이다. 그가 경기력 향상을 위해 금지 약물에 의지해왔다
는 사실이 밝혀져 사이클링계는 물론 세계가 충격에 빠졌다.[1]
영웅의 몰락이었다. 하지만 사이클 선수들이 인정하지 않은
게 있었으니 바로 사이클링 자체가 하나의 거대한 속임수라
는 것이다. 어차피 자전거의 전부이자 요지는 걸어갈 때보다
더 빠르고 더 멀리 가는 것, 더 효율적으로 이동하는 거니까.
물론 농담이지만 뼈 있는 농담이다. 과학을 잘 활용하면 삶의
시련을 이겨내는 데 도움이 되고, 자전거는 그 최고의 예다.

자전거는 바퀴다

자전거의 기적은 우리 발이 페달을 밟기도 전부터 시작된다.
제1장에서 설명한, 집이 땅에 가하는 압력이 우리 발목이 받
는 압력과 크게 다르지 않다는 것을 기억하는가? 그럼 우리
가 자전거에 올라타게 되면 상황이 어떻게 달라질까?

　일단 발이 땅에서 떨어지면 몸무게 전체가 두 개의 둥근 테
(바퀴)와 몇 개의 엉성한 금속 막대(바큇살) 위에 아슬아슬하
게 얹히게 된다. 자전거 바퀴는 자세히 볼수록 놀랍기 그지없
다. 최초의 바퀴, 고대의 손수레에 달려 있던 바퀴는 어떤 무
게도 너끈히 지탱하게 생긴 육중한 나무 원반이었다. 나무를

찌그러뜨리는 것은 거의 불가능하기 때문에, 하중이 수레를 내리눌러도 바퀴의 원자들이 압축력에 저항해 이를 다시 밀어올린다. 이렇게 바퀴가 한 덩어리인 일체차륜은 1톤(또는 몇 톤)을 나를 수 있지만 단점도 있다. 바로 바퀴도 1톤이라는 거다. 그냥 밀 때도 힘이 들지만 행여 길에서 요철이나 오르막길이라도 만나면 정말 죽을 힘을 써야 한다. 이것이 바큇살 차륜이 발명된 이유다. 나무의 대부분을 깎아내고 몇 개의 단단한 버팀대만 남겨 하중을 나눠 받게 한 것이다. 이 디자인이 오랜 세월에 걸쳐 유효성이 입증돼 오늘날의 자동차 바퀴에도 사용된다. 하지만 자전거는 아니다.

텅 빈 공간에서 벌어지는 일

자전거 바퀴에는 뭔가 다른 것이 있다. 자전거의 마름모꼴 프레임이 두 개의 허브(hub, 바퀴 중심부)에 올라앉아 있고, 허브를 관통하는 액슬axle을 중심으로 바퀴가 회전한다. 바퀴를 자세히 살펴보자,

먼저 바퀴 허브에서 바큇살들이 방사상으로 뻗어 있는데, 각각의 바큇살은 놀랄 만큼 허술하다. 한 손으로도 쉽게 구부려지는 철사 옷걸이와 별반 다르지 않다. 자전거 바퀴의 99% 이상이 빈 공간이라 해도 과언이 아니다. 자전거에 올라앉아 있는 건 허공에 떠 있는 거나 다름없다. 물론 비결은 바큇살

개수에 있다. 경주용 자전거 바퀴에는 각각 24개(일부는 32개, 36개, 또는 40개)의 바큇살이 있다. 양쪽 바퀴를 합하면 총 48개다. 탑승자의 몸무게를 75kg, 자전거 자체의 무게를 25kg으로 산정하면 바큇살들은 도합 100kg을 지탱해야 한다. 계산의 편리를 위해 두 바퀴의 바큇살을 50개라고 하면, 각각의 바큇살에 2kg씩 얹혀 있는 셈이다. 1kg짜리 설탕 두 봉지를 철사 옷걸이에 걸어보자. 옷걸이가 휘어지지 않게 반듯이 놓을 수 있을까? 가능할 것 같지 않다. 따라서 자전거의 경우 과학적으로 뭔가 다른 일이 벌어지고 있는 게 분명하다.

자전거와 현수교의 공통점

자전거 바큇살은 구부리기 쉽다. 하지만 아무리 용을 써도 잡아 늘릴 수는 없다. 이것이 자전거 바퀴의 작동 비결이다. 하중의 압박을 받는 수레바퀴와 달리, 자전거 바큇살들은 오히려 팽팽히 당겨진다. 즉 인장력을 받는다. 바이올린의 현처럼. 거미집의 줄처럼. 하지만 자전거에 가장 들어맞는 비유는 현수교일 것이다. 자전거의 전체 무게가 양쪽 허브를 내리누르듯 현수교 무게의 대부분이 교상(다리 상판)을 내리누른다. 자전거가 바큇살들에 걸려 있듯 교상은 수직 케이블들에 매달려 있다. 자전거 바퀴가 회전하면서 각각의 바큇살에 걸리는 인장력은 매순간 변하지만(허브 위의 바큇살들이 허브 아래

자전거 브리지 현수교에서 두 개의 주탑(연회색)을 떼어버린다. 교상(주황색)을 중심부의 작은 원으로 뭉뚱그린다. 쭉 늘어진 강철 주케이블(검정색)의 양끝을 묶는다. 다음에는 수직 케이블을 깔끔하게 균일한 간격으로 정리한다. 이렇게 하면 거대한 자전거 바퀴가 얻어진다. 현수교와 자전거는 (각각 케이블과 바퀴살의) 인장응력으로 하중을 지지하는 구조다.

바퀴살들보다 미세하게 더 늘어난다), 전체 바퀴살이 받는 인장력은 항상 균일하다.

허술해 보이는 바퀴살보다 더 흥미로운 것은 바퀴살이 허브를 중심으로 퍼져 있는 양상이다. 수레바퀴와 달리 자전거 바퀴살은 림에서 허브까지 똑바로 이어져 있지 않다. 대신 각각의 바퀴살이 허브 옆으로 조금씩 비껴서 뻗어 있는데, 이것을 탄젠트 연결tangential connection이라고 한다. 바퀴 허브가 꽤 넓다보니 바퀴살의 일부는 한쪽으로, 나머지는 다른 쪽으로 치우쳐서 연결된다. 탄젠트 바퀴살은 자전거의 전체 하중이 고르게 분산되는 일종의 팽팽한 철망을 형성해 바퀴가 자전거와 탑승자의 무게를 견디게 해줄 뿐 아니라, 고속으로 방향을 틀거나 커브길에서 기울어질 때 받는 전단력shearing force과 비틀림을 견디게 해준다. 자전거 바퀴는 모든 방향의 힘에 효과적으로 대항하는 강력한 인장응력을 가진 3차원 구조물이다. 자전거 바퀴를 구성하는 각각의 것들은 한 손으로도 짜부라뜨릴 수 있을 만큼 약하다. 하지만 이것들이 합쳐져서 공학적 기적을 이룬다.

자전거는 지레다

바퀴와 바큇살은 시작에 불과하다. 더 많은 변칙이 있다. 무엇보다 우리가 가하는 힘을 증폭하는 레버리지라는 '부당' 이익을 기억하자. 그리고 자전거에 숨어 있는 레버의 수를 세어 보자.

일단 핸들바부터 지레다. 핸들바는 타이어가 접지력을 발휘해 노면에 밀착해서 최고 속도로 달리고 있을 때조차 앞바퀴를 쉽게 비틀 수 있게 한다. 산악자전거는 경주용 자전거보다 방향을 틀기가 훨씬 쉽다. 길고 곧은 핸들바 덕분이다. 반면 경주용 자전거의 핸들바는 짧고 휘어져 있다. 선수의 팔꿈치를 공기역학적인 자세로 만들기 위한 설계다. 핸들바의 레버리지에는 또 다른 이점이 있다. 핸들바가 넓으면 노면의 요철에 닿았을 때 앞바퀴가 진행 방향을 유지하기에 용이하다. 달리다가 도로에 움푹 파인 곳을 만나 앞바퀴가 갑자기 한쪽으로 홱 쏠릴 때, 팔에 느껴지는 힘이 핸들바의 레버리지에 의해 현저히 줄어서 자전거를 가던 방향으로 곧장 가게 해준다.

페달도 지레다. 정확히 말하면 페달 크랭크(상하운동을 하는 직선 막대들)가 지레 역할을 해서 페달을 돌리는 다리의 힘을 증폭한다. 이론적으로 핸들바가 길수록 자전거 방향을 틀기가 쉽고(버스나 트럭에 유난히 커다란 운전대가 붙어 있는 것과 같은 이치다), 페달 크랭크가 길수록 바퀴를 돌리기가 쉽다. 하지만 핸들바와 페달의 레버리지를 무한히 늘리지는 못한다. 어느 선에서 절충할 수밖에 없다. 핸들바가 양팔 간격보다 길수는 없고, 페달 크랭크도 너무 길면 돌아갈 때 땅을 찧게 된다.

속도의 원리

알고 보면 자전거 바퀴도 지레다. 제3장에서 말했듯, 지레는 망치·크로바·렌치 같은 도구의 탈을 쓰고 교묘히 숨어 있다. 무엇으로 위장하고 있든 지레는 힘을 증폭하는 기능을 한다. 즉 바깥 끝을 길게 돌리면 중심부는 그보다 짧은 거리를 더 느리게, 하지만 더 강한 힘으로 돈다. 간단히 말해서 보통의 지레는 힘은 증대하고 속도는 줄인다. 하지만 우리가 자전거를 타는 이유는 걷는 것보다 빠르기 때문이다. 따라서 자전거 바퀴는 전통적 지레와 반대로 작동해야 한다. 그리고 이것이 딱 자전거 바퀴가 하는 일이다.

크리켓 경기에서 투구할 때처럼 팔을 앞으로 쭉 펴서 90도 돌려보자. 손이 어깨보다 훨씬 큰 원호를 그린다. 같은 시간에 더 멀리 움직인다는 것은 더 빠르게 그리고 (드러나 보이지는 않지만) 더 약하게 움직인다는 뜻이다. 이 때문에 일반적으로 팔이 긴 장신 테니스 선수가 작고 다부진 선수보다 공을 신속히 치게 된다. 마찬가지 원리로, 바퀴의 중심에 힘을 가하면 가장자리는 더 빨리 돈다. 이것이 자전거 바퀴가 작동하는 방식이다. 바퀴가 클수록 레버리지를 많이 받아 속도는 더 붙지만 그 대가로 탑승자가 만들어내는 추진력은 희생된다. 속도가 중요한 경주용 자전거의 바퀴가 산악자전거의 바퀴보다 큰 것은 그래서다. 산악자전거는 속도보다 언덕을 오르고 요철을 뛰어넘을 힘이 더 필요하다. 실제로 자전거 초창기인 19세기 말에 속도를 원하는 대중의 욕구에 맞춰 앞바퀴가 거대하기 짝이 없는 자전거가 유행했다. 이런 자전거를 페니-파딩Penny-Farthing이라고 불렀는데, 타고 내리기가 코끼리에 타는 것만큼 힘들었다. 자전거를 타기 위해 사다리를 오르고 싶은 사람이 얼마나 될까? 거기다 타다가 중심을 잃고 고꾸라지기 십상이었다.

바퀴 레버리지 바퀴는 원을 그리며 회전하면서 끝없이 속도 또는 힘을 배가하는 지레다. 속도가 느는 원리는 이해하기 어렵지 않다. 바퀴를 90도 돌린다고 생각해보자. 바퀴 중심보다 바퀴 가장자리가 중심을 따라잡기 위해 더 빨리 돌 수밖에 없다. 그림에서 두 화살표의 길이를 비교하면 금방 알 수 있다. 이에 비해 힘의 증가는 금방 와닿지 않는다. 하지만 바퀴를 수도꼭지라고 생각해보자. 가장자리를 약하게 돌려도 중심이 세게 조여지는 감이 온다.

자전거는 기어다

나는 해안에서 10분 떨어져 있는 해발 100m의 언덕에 살고 있다. 이런 데서는 시내를 왔다 갔다 할 때 자전거보다는 그냥 걷거나 버스를 타는 게 낫다. 갈 때는 내내 내리막길이고, 돌아올 때는 내내 오르막길이기 때문이다. 세상이 평평하면 이 정도 거리에는 자전거가 제격이지만, 성가신 언덕이 앞길을 막을 때는 문제가 된다.

페니-파딩 같은 자전거는 전적으로 속도를 위해 설계됐다.

이런 자전거로는 언덕을 오르는 게 불가능했다. 이런 전통적 자전거는 레버리지를 한 방향으로만 사용한다. 페달을 밟아 앞바퀴 중심을 돌리면 림은 더 빠르게, 하지만 더 약하게 돌기 때문에 언덕을 오르는 데는 취약하다. 빠른 자전거를 만드는 방법은 어렵지 않다. 그저 큰 바퀴를 장착하면 된다. 하지만 오르막길을 오를 때 필요한 건 그 반대의 것이다. 바퀴가 극적으로 작아서 페달을 밟는 힘을 늘려줄 자전거가 필요하다. 그 경우 페달을 빠르게 밟아도 바퀴는 천천히 돌지만 언덕을 올라가기 충분한 힘을 낸다. 따라서 내가 사는 곳에서는 자전거가 두 대 필요하다. 하나는 속도는 높이고 페달 힘은 줄여주는 시내 방향 내리막길용, 다른 하나는 속도는 줄이고 페달 힘은 늘려줄 집 방향 오르막길용. 이 두 가지 기계를 어떻게든 하나의 자전거에 욱여넣을 방법은 없을까? 있다. 그것이 바로 기어가 하는 일이다.

기어의 작동 방식

간단히 말해 기어(톱니바퀴)란 가장자리에 돌기가 있어서 서로 접촉해서 돌 때 미끄러지지 않고 서로 맞물리며 도는 바퀴를 말한다. 한 쌍의 기어는 두 가지 기능을 한다. 기계의 속도를 높이는 대신 기계의 힘을 줄이거나, 또는 그 반대로 한다. 즉 기어는 속도 또는 힘을 높일 뿐 두 가지를 동시에 높이지

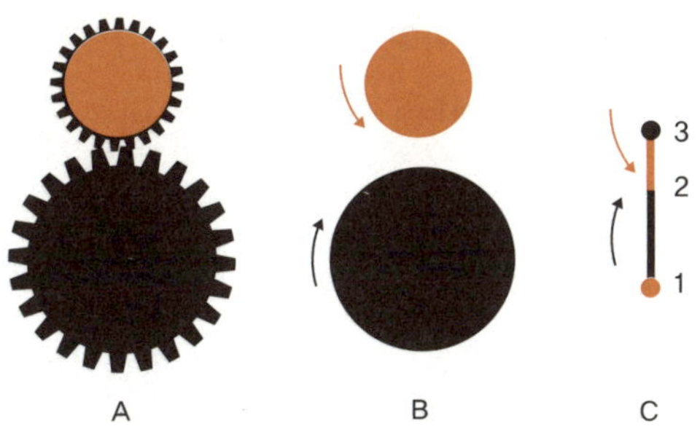

기어의 작동 방식 맞물려 있는 두 개의 기어(A)는 가장자리를 접한 두 개의 바퀴(B)와 같다. 그리고 상접한 두 개의 바퀴는 연이어 놓은 무한히 많은 수의 지레(C)와 같다. 1번 지점의 축을 중심으로 검정색 지레를 특정 속도와 힘으로 돌리면, 지레의 길이로 인해 2번 지점이 더 빨리, 하지만 더 약하게 돈다. 검정색 지레가 주황색 지레에 닿으면 레버리지가 역으로 작동한다. 검정색 지레가 주황색 지레를 밀어서 돌리면 3번 지점의 축도 따라서 도는데, 2번 지점보다는 느리지만 더 세게 돈다. 결과적으로 두 지레의 작용으로 3번 축이 1번 축보다 빠르지만 약하게 돌게 된다. 이와 정확히 같은 일이 왼쪽의 기어에서 일어난다.

는 못한다.

외관상 기어는 치아와 닮았다. 하지만 기어의 돌기는 미끄럼 방지를 위한 것이며 그걸 빼면 무관하다. 기어의 비법은 맞물리는 두 바퀴의 크기 차이에 있다. 하나의 바퀴가 하나의 지레처럼 작동한다면, 서로 가장자리를 맞대고 도는 두 개의 바퀴는 서로 맞닿은 두 개의 지레로 작동한다. 첫 번째 바퀴의 중심을 돌리면 바퀴 가장자리는 더 높은 속도와 더 작은 힘으로 회전한다. 첫 번째 바퀴와 맞물려 있는 두 번째 바퀴의 가장자리는 첫 번째 바퀴와 정확히 같은 속도로 회전할 것이고, 그러면 두 번째 바퀴의 중심은 가장자리보다 더 낮은 속도와 더 큰 힘으로 회전한다. 이때 만약 첫 번째 바퀴가 두 번째 바퀴보다 크면 전반적으로 속도는 증가하고 회전력은 감소한다. 반대로 두 번째 바퀴가 더 크면 첫 번째 바퀴가 더 빨리 회전하고, 두 번째 바퀴는 더 느리지만 회전력은 더 세다.

자전거의 경우 뒷바퀴의 크기는 고정돼 있다. 페달과 크랭크에 직접 연결된 기어도 마찬가지다. 따라서 이론적으로 두 바퀴 사이에는 고정된 관계가 있다. 자전거는 오직 한 가지 방법으로만 우리를 도울 수 있다는 뜻이다. 우리에겐 속도를 높일 바퀴와 힘을 늘릴 바퀴 중 양자택일해야 한다. 두 가지를 한꺼번에 할 수는 없다. 다시 말해 평지나 내리막을 질주할 자전거를 만들거나 아니면 오르막을 갈 때 힘이 덜 드는 자전거를 만들거나 둘 중 하나다. 자, 우리는 이렇게 원점으로 돌아왔다. 오르막과 내리막을 모두 소화하려면 두 개의 다른 자전거가 필요하다. 정말?

그렇지 않다. 다행히도 자전거에는 또 다른 변수가 있다. 뒷바퀴와 페달바퀴는 신축성 있는 체인으로 연결돼 있고, 양쪽에는 필요에 따라 골라 쓸 다양한 크기의 톱니바퀴가 장착돼 있어서, 변속 레버를 이용해 체인에 걸리는 톱니바퀴 쌍을 바꿀 수 있다. 다시 말해 맞물리는 톱니바퀴들의 상대적 크기를 변경하는 것이다. 이 교묘한 기계적 변속장치를 디레일러dérailleur라고 한다. 디레일러 덕분에 자전거 주행 중에, 심지어 톱니바퀴들과 체인이 고속으로 회전하는 중에도 변속이 가능하다. 기어를 바꿀 수 있다는 것은, 자전거 하나가 정반대의 두 가지 방식으로 작동할 수 있다는 뜻이다. 고속 기어에서는 뒷바퀴가 페달바퀴보다 빠르게 회전해서(빠르고 약함) 평지를 질주하기 좋다. 저속 기어는 이와 반대다. 뒷바퀴가 더 느리게 회전하는 대신 페달의 힘을 증대해서 언덕을 수월하게 오르게 해준다.

이를 숫자로 실감해보자. 올림픽 챔피언이 고속 질주할 때의 기어비(gear ratio, 뒷바퀴 톱니 수를 페달바퀴의 톱니 수로 나눈 값)가 5:1이나 된다. 사실상 뒷바퀴 속도를 다섯 배 키우는 셈이다. 다시 말해 바퀴의 지름이 약 62cm, 바퀴 둘레가 약 2m인 경우, 페달이 한 번 돌 때마다 10m나 쌩하니 나가게 된다.[2]

자전거의 법칙

DIY 연장처럼, 자전거에 내장된 다양한 치트키(지레, 바퀴, 기어)도 기본 물리법칙을 따를 수밖에 없다. 자전거 기어는 속도와 힘 둘 중 하나를 증대할 뿐 두 가지를 동시에 증대하지는 못한다. 만약 그게 가능하다면 우리가 페달에 투입한 힘보다 더 많은 에너지를 뒷바퀴에서 얻어낸다는 말인데, 그런 일은 하늘이 무너져도 불가능하다. 에너지 보존의 법칙이 서슬 퍼렇게 살아 있기 때문이다.

자전거 페달과 뒷바퀴의 힘, 속도, 에너지를 비교하면 물리 법칙이 칼같이 지켜지고 있음을 쉽게 알 수 있다. 고속 기어로 직진한다고 가정하자. 페달을 한 바퀴 돌릴 때마다 뒷바퀴가 두 번 돌기 때문에 속도는 두 배가 되고 힘은 반감된다. 일(가령 오렌지 들어올리기)에 필요한 에너지는 내가 사용하는 힘(오렌지의 무게)에 그 힘을 사용한 거리(오렌지를 들어올린 높이)를 곱한 것과 같다. 다시 자전거로 돌아와서, 페달의 힘이 바퀴로 오면서 반감되지만 속도는 두 배가 된다. 속도가 두 배가 된다는 것은 같은 시간에 두 배의 거리를 간다는 뜻이다. 즉 절반의 힘을 곱절의 거리에 쓰는 것이고, 이는 원래의 힘을 페달링 거리에 쓰는 것과 같고, 따라서 정확히 같은 양의 에너지를 사용하는 것이다. 만세! 물리법칙은 살아 있다.

사이클링이 힘든 이유

사이클링의 장점 중 하나는 놀라운 효율성이다. 자동차 무게는 사람 몸무게의 20배나 되는 데 비해 자전거는 상대적으로 매우 가볍다. (성인 몸무게의 5분의 1에서 4분의 1 정도 될까?) 다시 말해 자전거의 무게는 자동차의 대략 100분의 1에 불과하다. 하지만 탑승자가 각각 한 명이라고 가정했을 때 자전거와 자동차의 나르는 하중은 같다.[3] 자전거로 언덕을 오르는 것은 알루미늄 합금 튜브 몇 개, 고무테 두 개, 플라스틱 몇 조각, 철사 같은 바큇살 수십 개를 일정 거리만큼 당겨올리는 것에 불과하다. 하지만 차를 몰고 같은 언덕을 오르는 것은 강철 1~2톤을 끌어올리는 일이다. 정지해 있는 차를 언덕 위로 밀고 올라가보라. (나는 한번 해봤다.) 그 차이를 당장 알게 될 거다.

자동차 운행과 비교하면 자전거 타기는 에너지 효율 면에서 일도 아니다. 하지만 사이클 선수나 산악자전거 선수가 땀을 비오듯 흘리며 전력투구하는 모습을 보면 자전거 타기도 만만치 않은 중노동임을 알 수 있다. '중노동'이라 함은 자전거의 가벼운 무게에도 불구하고 타는 사람이 엄청난 양의 에너지를 쏟아야 한다는 뜻이다. 그 에너지는 다 어디로 가는 걸까? 언덕을 올라갈 때 에너지를 잃는다고 생각하기 쉽지만 사실이 아니다. 언덕을 오르는 것이 중력과 싸우는 일이긴 한데 그 과정에서 위치에너지라는 잠재에너지를 번다. 이렇게 벌어둔 위치에너지를 언덕 반대편 내리막길에서 다시 운동

에너지로 바꿔 전혀 힘들이지 않고 쌩 내려갈 수 있다. 하지만 물론 돌려받지 못하는 에너지도 있다. 그 에너지는 어디로 가는 걸까? 우리가 자전거를 탈 때 에너지를 소비하는(잃는) 경로는 크게 세 가지다. 비비고, 바람을 가르고, 치대느라 잃는다. 이를 전문 용어로 각각 마찰friction, 항력drag, 구름저항 rolling resistance이라고 한다.

마찰

제3장에서 살폈듯, 바퀴는 마찰을 노면에서 차축으로 옮긴다. 자전거를 타는 사람은 페달을 밟아 크랭크를 돌리며 에너지를 쓴다. 이 운동이 기어를 돌리고, 이것이 다시 자전거 바퀴를 돌린다. 이 모든 지점에서 사람이 쓴 에너지 중 일부가 마찰로 사라진다. 또한 브레이크 레버를 당기면 고무 패드들이 바퀴 안쪽을 눌러 바퀴의 회전을 막는데, 이때 사람의 운동에너지가 열로 변해 브레이크 패드와 바퀴를 덥힌다. 에너지를 열로 잃는 것이다. 이렇게 마찰로 잃은 에너지는 그냥 손실이다. 브레이크와 바퀴로 빠진 열은 다시 주워서 쓸 방법이 없다.

항력

자전거 타기의 즐거움 중 하나는 얼굴에 바람을 느끼며 달리는 것이다. 하지만 이 즐거움이 에너지를 잃는 또 하나의 경로다. 걸을 때는 공기가 숨을 쉬게 해주는 것 외에는 아무 도움도 되지 않는, 보이지 않는 거대한 공허의 덩어리로 느껴진다. 하지만 공기는 비어 있지 않다. 공기는 우리 앞을 가로막는 분자들로 가득하다. 물속을 걷기란 정말로 힘들다. 몸을 막는 걸쭉한 액체를 밀어내야 하기 때문이다. 자전거에 올라 공기를 헤치며 달리는 것도 이와 다르지 않다. 다만 정도의 차이일 뿐이다. 물속에서 움직이는 것만큼 힘들거나 에너지를 많이 낭비하지는 않겠지만, 그래도 여전히 얼마간의 에너지를 낭비하게 된다. 이렇게 물체가 유체fluids 내에서 운동할 때 받는 저항을 항력이라고 한다. 빨리 달릴수록 공기저항(항력)이 커지고, 공기저항이 셀수록 사람의 에너지 낭비도 커진다. 경주용 자전거로 질주하는 경우 사람이 페달에 주입하는 에너지의 대략 80%가 바람을 가르며 '쉭쉭' 나가는 데 쓰인다. 반면 산악자전거의 경우는 훨씬 느리게 가고 울퉁불퉁한 길을 오르락내리락 가기 때문에 에너지의 약 20% 정도만 이 경로로 사라진다.[4]

구름저항

그렇다면 (산악자전거의 경우) 주입하는 에너지의 80%, (경주용 자전거의 경우) 20%의 에너지는 어디로 가는 걸까? 힌트

나간다. 빵 반죽을 해본 적이 있는가? 밀가루 반죽을 쉬지 않고 접고 치대고 또 치대야 한다. 반죽은 놀랄 만큼 힘든 일이다. 혼합물 분자들을 일부는 밀어붙이고 일부는 잡아 뜯어가며 끝없이 재배열해서 처음과는 전혀 다른 상태로 만들어야 하는 중노동이다. 반죽이 겉으로는 똑같아 보일지 몰라도 내적으로는 매우 달라져 있다. 그게 다 밀가루 반죽에 엄청난 에너지를 쏟아가며 일을 했기 때문이다. 자전거 타기도 반죽과 비슷한 면이 있다. 발이 바퀴를 돌릴 때마다 타이어와 그 안의 공기가 (위쪽에서는) 늘어나고 (아래쪽에서는) 뭉개진다. 타이어가 구르려면 에너지가 필요한데, 이를 두고 타이어에 구름저항이 걸린다고 한다. 구름저항은 타이어가 노면을 구르며 받는 저항을 말한다. 반죽하기가 에너지를 반죽을 쫀득하게 만드는 데 쓴다면, 자전거 타기는 타이어를 변형시키지 않고 다만 끝없이 당겼다 풀었다 하며 에너지를 열과 약간의 소음으로 전환한다. 폭이 넓은 산악자전거 타이어는 폭이 좁은 경주용 자전거 타이어보다 구름저항을 많이 받는다. 바로 여기가 나머지 에너지가 가는 곳이다. 산악자전거 라이더는 자기 에너지의 80%를 구름저항으로 잃고, 경주용 자전거의 라이더는 자기 에너지의 20%를 구름저항으로 날린다.

에너지 위기에 대처하는 법

자전거 탈 때 에너지 낭비를 줄이기 위해 우리가 할 수 있는 게 있을까? 에너지를 잃는 경로가 세 가지라면 에너지를 절약하는 방법 또한 최소 세 가지는 된다는 뜻이다.

마찰을 피하자

언뜻 생각하기에 세 가지 방법 중 마찰 극복이 가장 만만해 보인다. 기어와 체인에 기름을 좀 치면 되지 않을까? 하지만 그렇게 해결될 마찰 손실(바퀴와 바퀴, 기어와 기어 사이의 기본적 비빔 현상)이라면 애초에 걱정거리가 아니다. 진짜 마찰 손실은 브레이크를 잡을 때 일어난다. 이때 그동안 쌓아놓은 모멘텀이 돌이킬 수 없이 열로 전환돼 몽땅 날아간다. 그래서 숙련된 라이더들은 제동의 필요성을 최소화하려 노력한다. 정지해야 할 시점(신호등 앞이나 도로 끝)을 예측해서 미리 페달링을 멈추는 거다. 하지만 이 방법은 제동 횟수를 줄여줄 뿐, 제동 시의 에너지 손실을 막지는 못한다. 그 점에서는 우리가 할 수 있는 게 없다. 하이브리드 전기차와 전기열차에는 회생 제동regenerative braking이라는 시스템이 있어서 브레이크를 밟을 때 낭비되는 에너지를 잡아서 배터리로 돌려보내 재사용한다. 회생 제동은 고속으로 움직이는 크고 무거운 차량에는 끝내주게 효율적이지만(그 경우 회생시켜 재사용할 수 있는 에너지의 양이 상당하다), 낮은 속도, 적은 에너지로 움직이는 경량 차량(쉽게 말해 자전거)에는 별로 효과가 없다.

미끈하게 미끄러지자

주말이면 열정 넘치는 아마추어 사이클리스트들이 꽉 끼는 라이크라에 몸을 욱여넣고 눈물방울 모양의 헬멧을 쓰고 헉헉대며 도로를 달리는 모습을 흔하게 볼 수 있다. 패션으로 입은 게 아니다. 이들은 공기저항으로 잃는 에너지(라이더가 투입하는 에너지의 80%)를 조금이라도 막기 위해 최선을 다하는 중이다. 또한 이들은 선두그룹 내에 아늑하게 끼어 있으려 용을 쓴다. 다른 라이더의 슬립스트림에 몰래 진입해 바싹 따라가면 혼자 달릴 때 드는 에너지의 4분의 1에서 3분의 1이 절약된다.[5] 이건 시작에 불과하다. 팔꿈치를 몸에 딱 붙이고 탈 수 있게 설계된 핸들바, 방향을 바꾸거나 커브를 돌 때 항력을 줄이기 위해 날을 세운 바큇살 등 전문가용 레이싱 자전거는 다양한 공기역학적 트릭을 뽐낸다. 거북이처럼 몸을 숙이고 타는 자세도 질주 본능을 방해하는 공기저항과 싸우기 위한 것이다. 몸에 딱 달라붙는 경주복도 기록에서 몇 초를 깎아준다. 물론 일요 사이클 동호회 회원들보다는 올림픽 국가대표급 선수들에게 해당하는 얘기다.

이쯤에서 면도 얘기를 하지 않을 수 없다. 털북숭이 다리를 깔끔하게 밀면 정말 기록 단축에 도움이 될까? 여러 과학저널을 숱하게 검색해봤지만 나는 어떤 식으로든 다리 면도의 효과를 증명하는 연구를 발견하지 못했다. 사실 놀랄 일도 아니었다. 그런 실험을 어떻게 하겠는가? 자전거 경주를 한 차례 마친 다음 곧바로 다리를 밀고 경주를 반복하는 건 거의 불가능하다. 그렇다고 한쪽 다리만 면도해서 다른 쪽 다리와 비교할 수도 없는 노릇이다. 다만 풍동(wind tunnel, 공기흐름의 영향을 시험하기 위한 터널형 인공 기류 발생 장치)을 이용해 다리에 털을 붙인 마네킹과 붙이지 않은 마네킹이 받는 공기저항을 측정하는 실험을 상상해볼 수는 있겠다. 아무래도 다리 면도의 주요 효과는 심리적 진작이 아닐까 한다. 또한 경기 후 마사지를 받을 때나 경기 중 자전거에서 떨어져 부상 치료를 받을 때는 깨끗이 면도한 다리가 유리하다. 다시 말해, 일정한 거리를 두고 분초를 다투는 올림픽 선수들을 제외하면 다리 면도의 공기저항 감소 효과는 지극히 미미하다.[6]

물고기처럼 생각하자

연어는 물줄기를 거슬러 날아오른다. 물의 흐름과 평행을 이룬 길고 미끈한 몸통 덕분이다. 사이클리스트도 같은 트릭을 써서 더 빨리 갈 수 있다. 공기저항을 줄이는 최선의 방법은 휘청대는 직립 자전거를 드러누워서 타는 리컴번트 바이크 recumbent bike로 바꾸는 것이다. 리컴번트 바이크는 바퀴 달린 해먹처럼 생겨서 땅에 낮게 붙어서 달린다. 좀 해괴하긴 해도 자전거 중에 가장 빠르다. 라이더가 원통 자세로 달리기 때문이다. 이렇게 하면 이삿짐 트럭처럼 꼿꼿이 서서 공기를 박살내며 달리는 대신, 강물을 거슬러 헤엄치는 연어처럼 공기 속을 미끄러져 나갈 수 있다.

자전거를 진지하게 타는 사람들은 이런 것들에 쉽게 집착한다. 다리를 밀고 라이크라를 입고 도로를 메운 사이클링 족을 보라. 하지만 큰 그림을 보는 게 중요하다. 자전거는 놀랄 만큼 능률적으로 우리를 이곳에서 저곳으로 데려가는 마술 같은 이동수단이다. 과학적 트릭으로 무장한 자전거는 효율

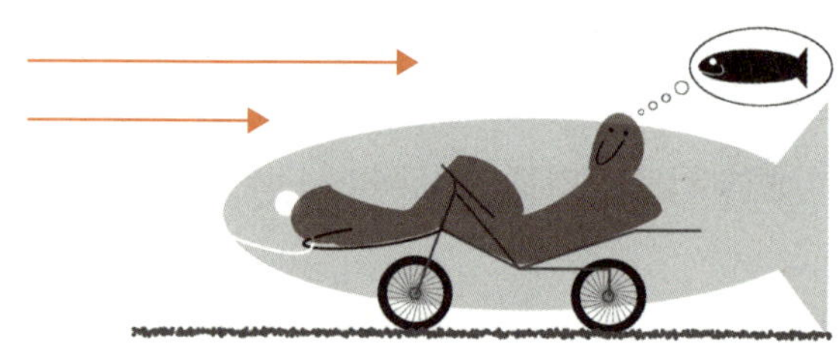

리컴번트 바이크 작동 방식 사이클리스트가 마치 물고기처럼 전진한다. 원통처럼 기다랗게 드러누운 자세가 공기저항을 극적으로 줄인다. 평범한 경주용 자전거에 비해 리컴번트 바이크는 고속에서 항력 극복에 드는 힘을 약 15% 줄여준다.[7]

면에서 전기차, 오토바이, 디젤 자동차, 증기 엔진, 심지어 인체를 압도한다. 자전거 타기는 걷기보다도 효율적이다. 걸을 때처럼 걸음걸이를 끝없이 바로잡을 필요가 없고, 따라서 같은 거리를 갈 때 근육 에너지를 적게 쓴다. 사실 자전거 타기는 유실 에너지가 적은 편이라는 점에서 이미 이긴 게임이다. 거기 대고 끽끽대는 브레이크나 늘어난 타이어나, 심지어 털난 다리 탓을 하는 것은 좀 쪼잔한 짓이다.

5장

볼 수 있는 전부이자
결코 볼 수 없는 것

#빛 #전자

- 도대체 빛이란 무엇일까?
- 적외선과 엑스선의 차이가 뭘까?
- 아름다운 조명은 어떻게 빛을 낼까?
- 잘 닦은 구두는 왜 반짝거릴까?

혼자가 아니라는 느낌을

받아본 적이 있는가? 잠시 책에서 눈을 들어 앉아 있는 방을 둘러보자. 무엇이 보이는가? 소파, 컴퓨터, 책들, 장난감, 화분, 포도주잔. 여기저기 흩어져 있는 것들. 모든 것이 있으면서도 동시에 아무것도 없다. 보이는 것은 궁극적으로 오로지 빛뿐이기 때문이다. 신기하게도 빛은 우리가 볼 수 있는 전부인 동시에 전혀 볼 수 없는 무언가다. 빛이 어떻게 생겼지? 어디에 있지? 더 멀리 더 오래 볼수록 뭔가 완전히 다른 것을 보게 된다. 무無. 이것이 빛이 부재한 우주의 모습이다. 흔히 우주를 공허의 거대한 덩어리라고 말하지만, 사실 모순이다. 우주는 우리가 상상할 수 있는 가장 짙은 어둠이다.

빛은 언제나 풀리지 않는 수수께끼였다. 빛은 '나비'처럼 종잡기 어렵다. 과거 나비를 잡았다며 자신만만했던 사람이 몇 명 있긴 했다. 천재적이지만 성격은 까칠했던 영국 과학자 뉴턴이 이미 1704년까지 현재 우리가 빛에 대해 아는 것의 상당 부분을 밝혀냈다.[1] 그해에 뉴턴은 광학Opticks이라는 주제에 대한 대담할 정도로 포괄적인 연구 결과를 출판했다. 뉴턴 연구의 대부분이 오늘날까지 유효하다. 거기에는 프리즘을 이용해 '백광'을 무지개색으로 쪼갤 수 있음을 증명한 빛나는 성과는 물론, 빛이 우리 눈으로 발사되는 미세 에너지 대포알, 즉 '미립자corpuscle'로 이루어져 있다는 그의 직감도 포함된다.[2] 한편 뉴턴의 동시대 물리학자들, 특히 로버트 훅Robert Hooke, 1635~1703과 크리스티안 하위헌스Christiaan Huygens, 1629~95는 빛을 파동wave motion으로 설명해야 맞는다고 주장했다. 즉 빛은 빈 공간에 퍼져나가는 무형의 파문이며, 너무 빠르고 너무 작아서 그 자체는 보이지 않으면서 고맙게도 다른 모든 것의 정체는 드러내 보여준다. 오늘날도 과학계는 (그리고 과학서 저자들도) 빛을 입자들의 흐름으로 보는 설명과 파동의 연속으로 보는 설명 사이를 오락가락한다.[3]

오늘날 우리는 그 입자들을 광자photon로 부르고, 이를 도난경보기부터 태양전지판까지 온갖 것을 설명하는 데 이용한다. 광자에 대해 떠드는 말들을 듣고 있자면 마치 우리가 이미 오래전에 빛의 수수께끼를 푼 것 같다. 하지만 진정한 지혜는 의심을 인정하는 데 있다. 20세기 초 많은 사람이 물리학에서 나올 건 이미 다 나왔으며 남은 건 몇 군데 미진한

부분만 잘 매듭짓는 거라고 생각했을 때[4] 아인슈타인이 우리의 지식에서 거대한 구멍들을 발견했다. 그의 급진적 상대성 이론theory of relativity은 학계가 앞으로도 수대에 걸쳐 연구할 것이 아직 넘치게 쌓여 있음을 알렸다. (상대성이론의 핵심 개념 중 하나인 '광속불변의 원리'만 해도, 빨리 갈수록 무거워지는 로켓부터 다르게 나이 먹는 쌍둥이까지 각종 당황스럽고 아리송한 결과로 이어진다.) 아인슈타인은 자신의 무지를 감추지 않았다. "모든 물리학자가 자신은 광자가 뭔지 안다고 생각한다. 나는 광자가 뭔지 알아내는 데 평생을 바쳤지만 아직도 그게 뭔지 모른다."[5]

아인슈타인의 미친 이론이 당황스런 데뷔를 한 지 한 세기가 넘었지만 아직도 우리는 따뜻한 햇살 아래 쏟아지는 광자를 맞으면서도 광자가 뭔지, 왜 그런지 알지 못한다. 우리는 빛에 대해 모르는 게 많아도 너무 많다. 하지만 모르는 게 많다는 것을 아는 게 어딘가.

빛이란 무엇일까?

짧게 답하면 '보이는 에너지'다. 하지만 한 단어 질문에 대한 두 단어 대답이 흔히 그렇듯, 이건 겉핥기에 지나지 않는다.

우리가 빛을 파악하는 데 따른 난관의 대부분은 우리가 빛을 너무나 놀랍고 아마도 특이한 뭔가로 추정하는 경향에 기인한다. 빛은 크게 두 가지 이유로 특별하다.

우선, 우리 대부분에게 빛은 주요한 정보원이다. 대뇌피질의 $\frac{1}{3}$에서 $\frac{1}{2}$이 우리 눈이 세상에서 진공청소기처럼 빨아들인 데이터를 처리하는 데 할애된다.[6] 한편 물리학에서는 빛이 이와는 매우 다른 이유로 중요하다. 아인슈타인 이후 학계는 세상에서, 아니 우주에서 가장 빠른 속도인 광속에 뭔가 특별한 게 있음을 눈치챘다. 그렇다. 흥미롭게도 광속은 시각과 하등 관계없는 물리방정식 여기저기에 등장한다. 그중 가장 유명한 것이 바로 아인슈타인의 $E = mc^2$이다. 이 방정식은 에너지와 질량은 결국 같은 것이며 빛에 의해 연결돼 있다고 말한다. 이 개념은 지금도 많은 사람들에게 당혹감을 준다.[7] 예를 들어 어떻게 똥배(질량)가 봄날 아침 찌르레기의 노래(에너지)와 같을 수 있단 말인가? 구태와 통념에 얽매인 사고방식으로는 도저히 이해가 가지 않는다. 그렇다 해도 빛을 우리의 편의를 위해 우주와 세계의 어둠을 밝혀주는 거대 우주 손전등의 출력물 정도로 생각하는 것은 인간의 무식과 안이함의 소치다. 빛은 그보다 훨씬 더 근본적인 이유로 존재하며, 동물의 시각이란 진화 과정에서 거기 편승해 우연찮게 얻은 능력일 뿐이다.

다시 말해 빛은 과학자들이 생각하는 뜻과 일반인들이 생각하는 뜻이 다르며, 그 차이도 상당하다. 말하자면 '빛을 조명하는' 것은 사물을 보는 보다 철학적인 방식이다. 인간은 자기중심적 세계관을 가진다. 우리는 쏟아지는 빛을 작은 창문을 통해 실눈을 뜨고 속눈썹 커튼 사이로 본다. 우리는 우리가 보는 세상을 존재하는 전부로 상정하고, 삶의 의미를 인간의 눈금으로 구성한다. 한편 과학자들은 거시 현실과 미시 현실을 본다. 광년(빛이 1년 동안 가는 거리, 대략 10조 km를 단위로 삼는 천문학적 거리), 인간의 척도들이 사라질 뿐 아니라 존재조차 할 수도 없는 원자와 분자의 나노세계들.[8] 과학자들에게 빛은 단지 '보이는 에너지'가 아니다. 그보다는 '정밀하면서도 믿을 수 없이 빠른 속도로 진행하며, 우리 눈이 감지할 수 있는 것은 그중 극히 일부에 불과한, 아주 특수한 종류의 에너지'에 가깝다.

보이지 않는 빛

가시광선 스펙트럼 양끝에 북엔드처럼 자리한 두 가지 빛, 적외선과 자외선을 만나보자. 빛에 대해 알수록 인간이 보는 세계가 다가 아님을 느끼게 된다. 적외선은 우리 눈이 감지하기에 너무 빨갛고 자외선은 너무 파랗다. 그런데 만약 빛의 파동(light waves, 광파)을 계속 잡아 늘리면 어떻게 될까? 적외선을 더 붉게 만들면? 파장이 550nm(나노미터, 대략 사람 머리카락 굵기의 100분의 1)인 광파를 수십만 배 늘려보자. 마이크로파(극초단파)가 된다. 음식을 조리하고 휴대폰 통화를 이어주는 바로 그거다. 마이크로파를 다시 수십만 배 잡아 늘리면, TV와 라디오 프로그램을 우리 집으로 전송해주는 라디오파(전파)가 된다. 이번엔 스펙트럼의 반대편으로 가서, 자외선을 더 파랗게 만들어보자. 자외선을 미세 죔쇠로 최대한 세게 압착하자. 그렇게 원래 파장의 1,000분의 1로 찌그러뜨리면 그게 엑스선이다. 그걸 더 압축하면 감마선gamma rays이된다. 따라서 감마선은 사실상 초고에너지 엑스선이다.[9]

　빛, 적외선, 자외선, 마이크로파, 라디오파, 엑스선, 감마선. 이름이 이렇게 제각각인 건 이들이 각기 다르다는 의미일까? 그렇게 생각하기 쉽다. 이름이란 게 그런 거니까. 하지만 이들의 차이는 단지 정도의 차이다. 감마선이 마이크로파와 다른 방식은 붉은빛이 녹색빛과 다른 방식과 같다. 즉 파동의 크기와 거기 실린 에너지의 크기가 다를 뿐이다. 이 파동들이 모두 모여 우리가 전자기파 스펙트럼electromagnetic spectrum이라고 부르는 것을 구성한다. 이 스펙트럼 한가운데 가시광선이 자리한다.

전자기파 스펙트럼에 부분별로 붙은 이름은 임의적이다. 파장이 크든 작든, 눈에 보이든 보이지 않든 모두 같은 빛이다. 과학자에게는 모두 같은 속도로 질주하는 에너지일 뿐이다. 다만 극히 거대한 파도(라디오파의 경우 파장이 수백 미터에 달한다)부터 극히 작은 파도(감마선의 경우 파장이 원자보다 수천 배 작다)까지 다양한 파도를 서핑하는 에너지일 뿐이다. 만약 우리 눈이 엑스선을 볼 수 있게 진화했다면, 우리는 맨눈으로 여행가방 속 폭탄을 탐지하고 뼈에 금이 갔는지 여부를 알 수 있을 거다. (물론 그 전에 엑스선부터 발견해야겠지만 여기서 그게 중요한 건 아니니까.) 만약 우리 눈이 마이크로파와 라디오파를 볼 수 있고 우리 뇌가 그것들의 디지털 신호를 해독할 수 있다면, 우리는 〈닥터 후Doctor Who〉를 보고 〈여성시간Woman's Hour〉을 듣기 위해 굳이 텔레비전이나 라디오를 구입할 필요가 없어진다. 머릿속에서 바로 보고 들을 수 있으니까.

모든 빛은 전기다

전광電光, electric light을 말할 때 우리는 흔히 스위치를 탁 켜면 방에 들어차는 불빛을 생각한다. 토머스 에디슨Thomas

Edison, 1847~1931은 자신이 전기를 발명했다고 믿었고, 우리도 그렇게 알고 산다. 하지만 둘 다 틀렸다. 전기를 발명한 사람은 없다. 모든 빛은 전기다. 그리고 언제나 그랬다. 전기가 발견되기 훨씬 전부터, 세상에 전기라는 말이 존재하기도 전부터, 원래부터 존재했다.

깜빡이는 촛불이나 탁탁거리는 모닥불, 라디오파, 마이크로파, 엑스선 등 모든 빛(넓은 의미의 빛)은 손에 손을 잡고 우주를 깡충깡충 뛰어다니는 전기電氣와 자기磁氣로 만들어진다. 만약 빛의 속도를 줄이고 빛을 원자 규모로 관찰하는 게 가능하다면, 전기와 자기가 오르락내리락 곡선을 그리며 에너지를 전파하는 물결 모양의 파동을 볼 수 있을지 모른다. 우리의 눈과 태양 사이의 공간을 광활한 전자기 electromagnetism의 바다로 상상해보자. 우리 눈에 햇빛이 닿았다는 것은, 전기와 자기가 파도처럼 너울너울 물결치며 허공을 가로질렀다는 뜻이다.

왜 우리는 빛을 볼 수 없을까?

바다의 파도는 약 40km/h의 속도로 다소 느긋하게 움직이는 반면, 빛은 걸음이 좀 빠르다. 정확히 말해 2,700만 배 더 빠르다.[10] 빛은 1초에 30만 km(지구를 일곱 번 도는 거리)를 주파한다. 따라서 빛이 태양에서 지구에 도달하는 데는 몇 분밖에 안 걸린다. 이것이 우리가 빛의 파동을 바다의 파도를 보듯이 볼 수 없는 한 가지 이유다. 또 다른 이유는 빛이 몹시 작기 때문이다. 예를 들어 가시광선의 경우 각각의 파장이 수백 나노미터(원자 크기의 수천 배 수준)에 불과하다. 따라서 우리가 빛 파동을 볼 가능성은 그야말로 제로에 가깝다.[11]

그렇다면 빛을 파동으로 보지 않고 입자로 볼 때는? 빛을 파동으로 볼 때는 빛은 전자기파라고 말하고, 빛을 입자로 볼 때는 빛이 광자로 이루어져 있다고 말한다. 그렇다면 광자는 왜 볼 수 없는 걸까? 여기서 우리는 초현실적인 '이상한 나라의 앨리스'의 세계, 양자이론quantum theory의 세계로 들어간다. 양자이론은 물질이 원자 규모에서 어떻게 거동하는지 이해하는 데 필요한 괴이한 개념들의 묶음이다. 광자도 미치게 작아서 질량조차 없는 것으로 밝혀졌다. 광자는 순수한 에너지다. (빛의 색에 따라 달라지지만) 광자 하나의 에너지양을 계산하는 것은 비교적 쉽다. 예를 들어 헬륨 네온 레이저는 각각 약 0.000000000000000003J의 에너지를 가진 적색 광자를 꾸준히 발사한다.[12] 일반 손전등 전구는 매초 약 200만조(2,000,000,000,000,000,000)의 광자를 쏟아낸다.[13] 상상조차 할 수 없는 수다. 지구인 각각이 3억 개의 작은 '사람입자'

로 이루어져 있다고 치자. 여기에 지구인의 수를 곱해 지구에 있는 '사람입자'의 총수를 내면, 그 수가 손전등이 매초 뿜어 내는 광자의 수와 얼추 비슷해진다. 지구인의 수보다 3억 배 나 많은 광자가 1초마다 손전등 안에 새로 채워지는 것이다.

집을 밝히는 것들

없던 에너지가 그냥 생기고, 있던 에너지가 그냥 사라지는 법 은 없다. 빛은 일종의 에너지이므로 빛도 뭔가에서 비롯됐을 것이고, 빛에 담긴 에너지도 어딘가에서 왔을 것이다. 빛을 내는 것이 무엇이든, 그게 손전등이든, 정전용 양초든, 아니 면 최신 절전형 형광등이든 발광을 하려면 반드시 어딘가에 서 에너지를 얻어야 한다.

그럼, 빛은 어디에서 올까? 원자에서 나온다. 원자의 내부 는 대부분 빈 공간이고 원자의 질량은 대부분 원자핵에 몰려 있다. 원자의 중심에 양성자와 중성자가 뭉쳐서 원자핵을 이 루고, 음전하를 띤 전자들이 외곽을 돈다. 대개는 원자 내의 양성자와 전자의 수가 같기 때문에 원자 자체는 중성을 띤다. 전자들이 원자핵에서 멀찍이 거리를 두고 돌면서 일종의 동 심원 껍질을 이룬다. 양파의 겹겹과 비슷하다. 하지만 우리가 책에서 접하는 원자 모형 그림은 많이 잘못돼 있다. 브라이언 캐스카트Brian Cathcart가 원자 쪼개기 역사에 대한 그의 책에서 생생히 묘사했듯, 비율로 따지면 원자의 핵은 '대성당 안의 파리', '축구장 중앙의 완두콩'에 해당한다.[14]

완두콩과 파리는 잠시 잊고, 원자의 나머지 공간을 채우는 전자들에 집중해보자. 원자에 에너지를 발사하면 원자가 '들떠서' 외곽의 전자 중 하나가 핵에서 더 먼 껍질로 튀어나간다. 전자를 더 멀리 밀어내려면 더 애를 써야 한다. (사다리를 오르며 몸을 땅에서 조금씩 멀리 옮길 때와 같다.) 이것이 원자가 에너지를 흡수하는 방식이다. 사다리에 오르면 불안해서 다시 땅으로 내려가고 싶듯이 들뜬 원자는 불안정한 상태라서 가능한 빨리 자신의 원래 위치인 '바닥 상태ground state'로 돌아가려 한다. 불행히도 들뜬 원자가 원래 상태로 돌아가려면 얻은 에너지를 방출하는 수밖에 없다. (다급해진 도둑이 훔친 물건을 내버리는 것과 비슷하다.) 원자는 이를 위해 에너지를 흡수한 지 대략 1ns(10억분의 1초) 후에 광자를 토해내고 전자는 원래의 껍질로 되돌아간다. 이것이 원자가 빛을 내는 방법이다. 원자들이 (열이나 전기를 통해) 에너지를 흡수하고 불안정해져서 빛을 낸다. 우리가 생각할 수 있는 거의 모든 종류의 빛이 자발방출spontaneous emission이라는 이 단순한 과정으로 만들어진다.

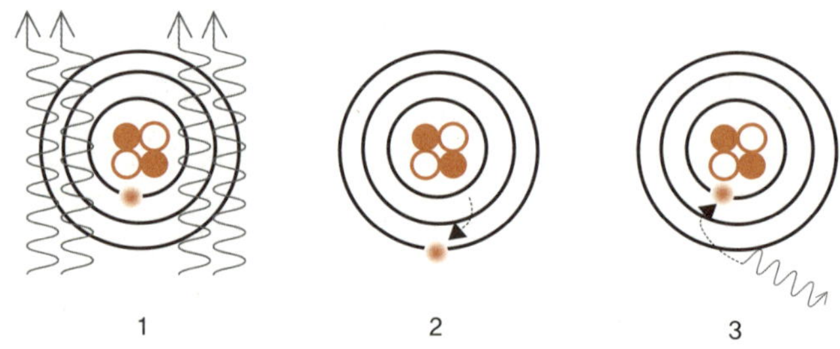

원자가 빛을 내는 방법 쇠막대를 불에 벌겋게 달군다고 가정하자. 무엇이 쇠막대를 붉게 만들까? 1. 쇠막대 내부의 철 원자들이 불에서 열에너지(구불구불한 선)를 빨아들인다. 2. 각각의 철 원자는 전자들을 상위 궤도로 밀어올리는 방법으로 에너지를 흡수하고, 그 결과 원자가 '들뜨게' 된다. 3. 들뜬 원자는 불안정한 상태이므로 약 1ns 후에 바닥 상태로 돌아간다. 즉 열의 형태로 흡수했던 에너지를 광자의 형태로 방출한다. 뜨거운 철의 경우 광자는 적색 빛을 띠고, 이것이 쇠막대가 벌겋게 달아오르는 이유다.

햇빛

낮에 자연광을 즐기며 '이 빛은 어디에서 오는 걸까?' 알고 싶을 때가 있다. 이 빛은 약 8분 30초 전만 해도 1억 5,000만 km 떨어진 태양에 있었다. 우리가 햇빛이라고 생각하는 것은 우주 저 깊은 곳에 있는 거대 원자력 공장의 꽤 괜찮은 출력물이다. 태양은 수십억 년 동안 쉬지 않고 펄펄 끓으며 가장 단순한 원자(수소)를 두 번째로 단순한 원자(헬륨)로 융합하는 핵반응을 수행하고 그 과정에서 에너지를 방출한다. 이 핵융합 반응으로 생성된 에너지로 인해 원자들이 들뜨고, 들뜬 원자들은 우리 피부를 태우는 자외선과 따사로운 가시광선을 포함한 빛을 방출한다. 생각해보라. 지금 여러분이 보고 있는 단어들도 한때 태양에서 짝짓기하고 있던 원자들이었다.[15]

촛불

전기가 사용되기 전에는 '불빛(불의 빛)'에 의지할 수밖에 없었다. 다시 말해 모든 빛은 백열incandescence에서 나왔다. 이때는 빛이 필요하면 열도 같이 내는 것 외에 다른 방법이 없었다. 나무를 태우거나, 성냥을 긋거나, 초심지에 불을 붙이거나. 모두 연소라는 화학반응에 시동을 거는 행위다. 연소는 연료(장작, 왁스, 석탄 등 뭐가 됐든 타는 것)가 더 단순한 원자들로 변하며 에너지를 열과 빛의 형태로 방출하는 것을 말한다. 이때 에너지의 일부는 연료의 원자들을 들뜨게 하고, 원자들이 다시 진정되면서 흡수했던 에너지를 적외선(따뜻하게 느껴지는 빛)과 가시광선(작열하는 물체가 내는 적색, 주황색, 황색, 백색 불빛)의 형태로 발산한다. 다 비효율적이지만 그중에서도 촛불이 단연 독보적으로 비효율적이다. 깜박이는 촛불의 밝기는 책을 읽기에도 부족한데 촛불의 온도는 자그마치 1,400°C에 달한다. 화산 용암보다도 높은 온도다.[16]

필라멘트

구식 전등과 손전등은 지금도 백열을 사용하지만 연료를 태워 에너지를 얻는 대신 전류에서 에너지를 빨아들인다. 전기를 철사로 흘려보내면 철사 내부의 전자들이 원자를 이탈해 특정 방향으로 행진한다. 이것을 전류라고 한다. 철사가 가늘수록 전류가 흐르기 어렵다. 이걸 두고 전기저항electric resistance이 있다고 말한다. 백열전구는 전류와 전기저항을 이용해 전구 내부의 필라멘트를 가열해 빛을 낸다. 필라멘트가 빨갛게 또는 하얗게 작열할 만큼 온도가 높아지는데, 이때 중요한 것은 필라멘트에 불이 붙기 직전까지만 뜨거워져야 한다는 것이다. 그래야 산소가 희박한 유리 전구 내부에서 필라멘트가 살아남을 수 있다. 이 교묘한 발명이 없었다면 전등은 빛을 만들어낸다 해도 지속시간이 몇 분에 불과했을 것이다. 전구를 끼우고 전기를 통하게 하면 필라멘트가 열을 내고, 열받아 들뜬 필라멘트 원자들이 빛을 발산한다.

지속력 있는 필라멘트는 에디슨이 완성했다. 그는 1880년 이를 적용한 백열전구에 대한 특허를 냈다. 하지만 흔히 말하는 것처럼 에디슨이 전구를 발명한 건 아니다. 에디슨이 등장하기 이전에 이미 수십 명의 사람이 전깃불과 전구를 연구하고 개발해왔다. 심지어 에디슨의 기여는 '영감보다는 땀'에 가까웠다. 에디슨은 뉴저지주 멘로파크의 연구실에서 필라멘트의 소재 발굴을 위해 대나무와 종이부터 면과 스코틀랜드인의 붉은 수염에 이르기까지 6,000여 가지의 재료를 부단히 테스트한 끝에 마침내 밀폐 유리 전구와 텅스텐 필라멘트의 조합을 찾아냈다. 이 조합은 오래가는 백열전구의 공식으로 오늘날까지 유효하다. 유리 전구도 신의 한 수였다. 그것 없이는 어떤 필라멘트도 할리우드의 반짝 스타처럼 한순간 밝게 타오르다 꺼질 운명이었다.[17]

형광등

백열등의 최대 문제는 빛만큼이나 열을 낸다는 것이었다. 백열등이 소비하는 전기의 적어도 90%는 필라멘트와 주변 공기를 달구는 데 낭비된다. 지금의 에너지 절약형 전등이 효율적인 건 백열등만큼 빛을 내면서도 열은 내지 않기 때문이다. 그런데 열이 없다면 원자들을 자극해 발광하게 하는 에너지는 어디서 올까? 이 경우는 원자 충돌에서 온다.

형광등은 수은과 아르곤가스를 넣은 진공 유리관에 두 개의 단자(전극)가 달려 있는 구조다. 스위치를 켜면 기체 원자들이 이온(ion, 전자를 잃은 원자)과 자유 전자로 분리돼 유리관 내부를 정처 없이 쏘다닌다. 유리관 내의 원자, 전자, 이온들이 서로 부딪힐 때마다 충돌로 인한 에너지가 원자의 흥분을 야기해, 보이지 않는 자외선 섬광이 일어난다. 형광등의 유리관 내벽은 백색 가루 같은 물질로 도포돼 있다. 형광체 phosphor라는 물질이다. 원자 충돌이 만든 자외선이 형광체 원자들을 때리면 그 원자들이 들떠서 상위 에너지 준위로 뛰어올랐다가 원래 위치('바닥 상태')로 돌아간다. 이때 형광체 원자들은 흡수했던 자외선을 방출하는 대신 가시광선을 내놓는다. 다시 말해 백색 형광 코팅이 자외선을 우리가 볼 수 있는 평범한 빛으로 바꿔준다. 형광등이 왜 항상 유백색인지, 왜 백열등처럼 투명하지 않은지 궁금했다면 이게 그 이유다.

네온등도 대체로 비슷하게 작용한다. 다만 네온가스로 채워져 있다. 전류를 통과시켜 점등할 때 붉은빛을 내게 하려고. 이런 등을 네온등으로 통칭하지만 사실 모두가 네온가스로 채워진 것은 아니다. 제논이나 아르곤, 또는 여러 기체의 혼합물이 이용된다. 밀봉된 기체에 따라 다양한 색과 효과가 연출된다.

형광 빛을 만드는 데 꼭 전기가 필요한 건 아니다. 원칙적으로는 원자들을 들뜨게 하는 거라면 그게 뭐든 번쩍이는 불빛으로 재탄생할 수 있다. 이런 이치로 사탕을 어둠 속에서 오도독 씹을 때 입안에서 섬광이 일 때가 있다. 이때는 치아가 에너지 공급원이고, 사탕의 향료(흔히 동록유冬綠油로 불리는 살리실산메틸)가 형광등의 형광 코팅처럼 에너지를 가시광선으로 바꾼다. 다만 백색광 대신 푸른빛을 만든다.

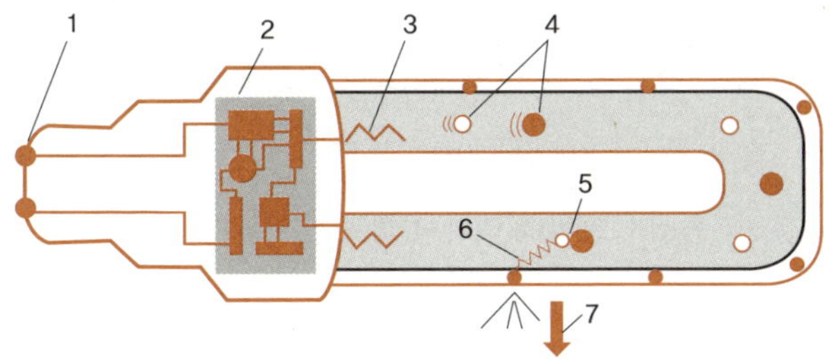

에너지 절약형 전등의 작동 방식 1. 전원장치에서 에너지가 전등으로 주입된다. 2. 전자회로가 전기주파수를 높여 눈에 띄는 깜박임 현상을 방지한다. 3. 회로가 양쪽 전극을 구동한다. 4. 전극들이 밀봉 유리관 속 기체에 에너지를 공급하고, 에너지가 기체를 이온화한다. 즉 전자가 원자에서 떨어져나와 원자들이 이온들(전자를 잃고 전기를 띤 원자, 주황색 입자들)과 자유 전자들(흰색 입자들)로 분리된다. 5. 원자, 이온, 전자들이 서로 충돌하면서 자외선이 방출된다. 6. 자외선이 유리관의 백색 내벽을 통과할 때 형광물질(주황색)의 원자들이 자외선을 가시광선으로 바꾼다.

LED 전등

어째서 조명마다 효율이 다를까? 에너지 보존의 법칙에 따르면 우리가 전등에서 얻는 빛은 우리가 전등에 투입한 에너지의 대체물일 뿐이다. 전자가 빛을 내는 방식이 단순할수록 낭비되는 에너지가 적어지고, 결과적으로 더 효율적인 광원을 만든다. 이것이 (원자를 직접 박살내는) 형광등이 (빛을 내기 위해 필라멘트부터 가열해야 하는) 백열등보다 효율적이고, 백열등이 (왁스 덩어리를 녹여 증기로 만들어야 하는) 양초보다 효율적인 이유다.

이렇게 따지면 가장 효율적인 빛은 하는 일이 전자를 들쑤시는 것밖에는 없는 빛일 것이다. 그게 바로 LED(light-emitting diode, 발광다이오드) 전등이다. LED 전등은 CFL(compact fluorescent lamp, 안정기 내장형 형광등)보다도 효율적이고 더 오래간다. 다이오드란 초간단 마이크로칩으로, 전자적 일방통행로의 기능을 한다. 즉 전류를 한 방향으로만 흐르게 하고 반대 방향으로는 흐르지 않게 한다. 이름에서 알 수 있듯 발광다이오드는 전기가 흐를 때 빛을 내는 다이오드다. 실리콘칩 버전의 백열전구라고 할 수 있다.

다이오드는 어떻게 작동할까? 다이오드는 모래의 주성분인 실리콘을 추출해서 만든다.[18] 이 실리콘 결정체가 컴퓨터와 휴대폰 등 우리가 아는 사실상 모든 전자장치의 원료다. 실리콘은 전기를 딱히 잘 전도하는 물질이 아니라서 LED로 작동하게 하려면 불순물을 첨가해야 한다. 우선 실리콘을 둘로 쪼갠다. 한쪽에 특정 불순물(붕소)을 첨가해서 실리콘 원자들의 전자를 빼앗아 원자들에 '구멍'을 내고 살짝 양전하를 띠게 한다. 실리콘의 나머지 반쪽에는 이와 반대로 한다. 다른 불순물(안티몬)을 첨가해서 전자가 남아도는 실리콘을 만들어 살짝 음전하를 띠게 한다. 그다음 이렇게 불순물을 투입한('도핑'한) 실리콘 조각들을 다시 접합한다. 이 접합다이오드junction diode에 배선해서 회로를 만들면 전기가 한 방향으

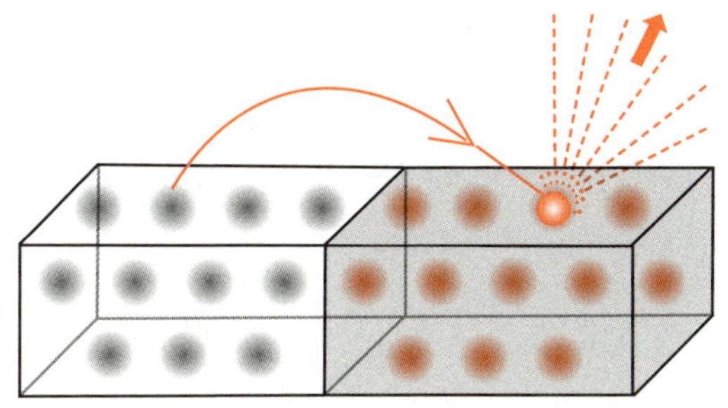

LED 전등의 작동 방식 마법은 전자(회색 점)가 남아도는 실리콘 덩어리(흰색)와 '구멍'(주황색 점)이 많이 난 실리콘 덩어리의 접합부에서 일어난다. '구멍'은 전자가 원자를 이탈해서 생긴 공백이다. 배터리를 접합부에 연결하면 전자들이 경계를 뛰어넘어가 구멍과 재결합하며 빛(점선)을 방출한다. LED 전등에서 유일하게 움직이는 '부분'은 이렇게 도약하는 전자들뿐이기 때문에 전기에너지가 기막히게 효율적으로 빛으로 변환된다.

로만 흐른다. 이쪽의 남는 전자들이 접합부를 뛰어넘어 반대편으로 가서 '구멍'에 들어가 원자를 다시 완전하게 만든다. 그러면 원자들이 안도의 한숨을 가시적으로 내뱉는다. 광자, 즉 빛의 입자를. 실리콘 내부에서 알아서 뛰어다니는 전자들. LED 전등은 사실상 어떠한 에너지 낭비도 없이 빛을 생산하는 진정한 절전형 광원이다.

개똥벌레와 반딧불이

생물도 빛을 낸다. 어둠 속에서 책을 읽거나 길을 찾아가기 위해서가 아니라 짝을 유인하고 천적을 겁주기 위해서. 육지에서는 개똥벌레와 반딧불이가 살아 있는 조명탄처럼 깜빡이고, 바다에서는 유령처럼 빛나는 오징어와 정어리와 해파리가 떼를 지어 캄캄한 심연을 퍼렇게 밝힌다. 이 수중 불꽃놀이를 과학적 용어로 생체발광bioluminescence이라고 한다. 그리고 다른 모든 종류의 발광처럼, 생체발광도 빛 자체는 들뜬 원자들이 흘린 잉여 에너지에서 온다.

생체발광이 다른 발광과 다른 점은 애초에 에너지가 나오는 곳이다. 반딧불이는 촛불처럼 자기 몸에 불을 붙이지도, 손전등처럼 배터리를 쓰지도 않는다. 대신 체내에 축적된 화학물질—루시페린luciferin과 루시페라아제luciferase—을 서로 반응시켜서 빛을 만든다. 열차 객실에 구비된 비상용 야광막대와 좀 비슷하다. 막대를 반으로 부러뜨리면 안에 있던 작은 유리 용기들이 깨져 화학물질들이 한데 섞이면서 화학반응의 부산물로 빛이 나온다. 다만 벌레나 곤충에게서 많은 빛을 기대하기는 어렵다. 촛불 한 개만큼의 빛을 얻으려면 약 100마리의 반딧불이가 필요하다.[19] 어쨌거나 이들의 자체 발광은 감동적이다.

반짝이는 구두의 과학

어릴 때는 구두를 반들반들 닦아 신으라는 잔소리를 이해할 수 없었다. 대체 구두에 광을 내는 요점이 뭔데? 구두가 깔끔해지는 대신 부엌 바닥이 지저분해졌고, 구두약에서는 화학공장 냄새가 났다. 당시는 내가 사방을 천방지축 헤매고 다닐 때라 신발을 내려다볼 일도, 거기서 일어나는 일에 관심을 가질 일도 없었다. 하지만 요즈음 규칙적으로 왁스 광택제를 바르는 습관이 내 구두에 어떤 차이를 만드는지 실감한다. 빗물이 스미는 걸 막아줄 뿐 아니라 구두의 수명도 두 배는 늘려준다.

그럼 광낸 구두는 왜 빛날까? 보통의 가죽은 미세한 스크래치로 덮여 있어서 칙칙하고 추레해 보인다. 광선이 그런 표면에 닿으면 사방으로 흩어진다. 그중 일부가 우리 눈에 들어오고, 이것이 우리가 구두를 볼 수 있는 이유이자 구두색이 갈색인지 검정색인지 아는 이유다. 다만 광선이 체계적으로 반사되지 않아서 구두를 응시할 때 우리 얼굴에서 오는 광선도 흩어지고 뒤섞인다. 이런 반사를 난반사, 또는 확산반사diffuse reflection 라고 한다. 광선이 사방팔방 불규칙하게 반사된다는 뜻이다. 평평하고 깨끗한 거울을 들여다볼 때의 반사는 이와 반대다. 이때는 여드름 하나하나, 주름 하나하나에서 오는 광선들이 정확한 각도로 거울에 닿고 또 정확히 같은 각도로 우리 눈으로 되튀기 때문에 우리 얼굴이 매우 충실히 반사된다. 이것을 거울반사 또는 정반사specular reflection라고 한다.

구두를 닦는 일은 구두 표면에 왁스 코팅을 얇게 입혀서 미세 스크래치를 평평하게 채우는 일이다. 즉 빛을 보다 균일하게 반사할 표면을 만드는 것이다. 도로의 움푹 팬 곳을 메우는 것과 비슷하다. 이렇게 광을 내면 입사 광선이 사방으로 튀지 않고 보다 규칙적으로 반사된다. 다시 말해 광낸 표면은 그전보다 거울처럼 거동한다.

광낸 구두가 반짝이는 이유 지저분한 구두는 광선을 온갖 각도로 분산시켜 정연한 반사상이 형성되는 것을 막는다. 이 구두를 반들반들 윤이 나게 닦으면 거울과 비슷하게 작용한다. 왁스 광택제의 원자들(큰 동그라미)이 들어오는 빛에너지를 받아 들뜨고 불안해졌다가 약 1ns 후에 에너지를 도로 뱉어낸다. 이때 거울에서처럼 광선이 입사했을 때와 같은 각도로 반사된다. 구두 광택제는 이렇게 지저분한 구두의 확산반사를 거울반사에 가깝게 바꾼다.

얼굴이 비치는 반들반들한 구두는 좋지만 그 효과를 얻기 위한 10여 분의 노력은 귀찮은 사람이 많다. 그런 사람은 망원경 반사경을 만드는 사람들을 생각해볼 필요가 있다. 퍼킨엘머Perkin Elmer사가 허블우주망원경을 위한 지름 2.4m의 반사경을 제작하는 데 장장 18개월이 걸렸다. 왜 그렇게 오래 걸렸냐고? 빛처럼 극도로 미세한 물질을 다룰 때는, 더구나 우주 반대편에서 일어나는 일을 포착하려 할 때는 원자 크기의 스크래치와 요철도 엄청난 차이를 만들기 때문이다. 허블반사경의 경우 제작사는 20~30nm(원자 50여 개를 연이어 쌓은 길이)의 정확도로 광택을 냈다. 거울 크기를 지구 크기로 늘려도 그 정도 요철이면 사람 손바닥보다도 작다(지름 약 10cm). 그런데 불행히도 그들은 매끄럽게 닦는 것에 집착한 나머지 정작 반사경을 잘못된 모양으로 만들고 있다는 것을 알아차리지 못했다. 하지만 그건 별개의 이야기고, 여기서는 다루지 않는다.[20]

6장

봉화에서 스마트폰까지

#전자기파 #광속

이번 장에서 알아볼 것

- 최초의 광속 통신은 무엇일까?
- 지상파는 왜 이름이 지상파일까?
- 해외 라이브 영상이 어떻게 우리 집 TV에 나오는 걸까?
- 빅토리아 시대에 휴대폰이 등장할 뻔한 사연은?

흙, 공기, 불, 물. 고대인이

생각한 만물의 근원을 이루는 네 가지 요소다. 일부 고대
사상가들은 이 4원소만으로는 미흡하다는 의심을 품었다.
의심한 것까지는 좋았는데 그래서 제5원소, 이른바 '진수
quintessence'라는 것을 믿기 시작했다. 에테르ether 또는 더 거
창하게 '루미니페루스 에테르luminiferous ether'라고 불린 제5
원소는 신비롭고 고귀한 상위의 요소이며, 텅 빈 우주를 채우
고 빛을 이리저리 운반해주는 신령한 물질로 통했다. 이 근거
없는 에테르 신화는 1887년에야 깨졌다. 과학자들이 비로소
과학 실험을 통해 빛은 데리고 다녀줄 매질 없이도 전파가 가
능하다는 것을 깨달은 것이다.[1] 이 통찰은 빛은 일종의 전자
기(전기와 자기의 파동)라는 당시의 추론에 힘을 실었고, 나아
가 20세기 초의 세기적 발명을 위한 초석을 놓았다. 그 발명
이란 눈 깜짝할 사이에 지구 곳곳으로 정보를 쏠 수 있는 실

질적 방법, 바로 라디오다.

몇 세기 전만 해도 먼 대륙의 사람들과 소통하는 데 관심 있는 사람은 별로 없었다. 삶은 매우 지역적이었고, 전할 말이 있으면 대개는 그냥 말하거나 여차하면 크게 외치는 정도로 충분했다. 소리는 1,200km/h의 속도로 꽤 날쌔게 전파되지만, 금세 그 한계를 드러낸다. 도시 반대편에서 번개가 칠 때 번쩍하는 불빛을 본 후 몇 초가 지나서야 우르릉 쾅하는 천둥소리가 들린다. 빛은 우리에게 즉시 도달하지만 소리는 1km를 가는 데 대략 3초나 걸린다.

우리가 소리에만 의존해야 했다면 현대의 통신은 불가능했다. 소리는 하늘을 찢으며 날아가는 점보제트기보다 고작 30% 빠를 뿐이다. 전화가 말을 음속으로 전달한다 치자. 약 4,000km 떨어진 뉴욕과 로스앤젤레스 사이의 전화통화는 어떤 양상일까? 말들이 구름을 뚫고 제트기보다 약간 빠르게 두 도시 사이를 왔다 갔다 한다고 상상해보라. 이쪽에서 뱉은 말이 저쪽까지 날아가는 데 3시간 넘게 걸리고, 대답이 돌아오는 데도 같은 시간이 걸린다. 2분 동안 30여 개의 문장이 오가는 평상시 대화가 전화로는 나흘 밤으로 늘어지게 된다. 이에 반해 빛은 지구를 확실히 바늘구멍만큼 작게 줄인다. 광선은 1초 만에 달에 도달하고, 태양에는 10분 이내에, 화성에는 기껏해야 20분이면 간다. 이처럼 빛의 한계는 태양계를 떠나 머나먼 우주를 생각할 때에만 느낄 수 있다.

지금 집을 한번 둘러보자. 온갖 유용한 정보가 전기와 자기의 매직카펫을 타고 집으로 날아드는 것이 보인다. 라디오, 텔레비전, 전화, 인터넷 모두 전자기파에 의존한다. 심지어 창밖을 응시하며 몽상에 잠기는 것도 입사광선 줄기들을 따라 표류하는 눈과 뇌에 의존한다. 전자기가 이렇게 효과적인 정보 전달자인 것이 단순한 우연의 일치일까, 아니면 보다 미묘한 이유가 있는 걸까? 그리고 무엇보다 빛은 무슨 조화로 그렇게 빠를까?

빛은 언제나 있었다

광속 통신이라고 하면 첨단 중의 첨단 같지만, 라디오파를 이용해 데이터를 전송하는 휴대폰만 해도 나온 지 이미 40년이 넘었다.[2] 사실 생각해보면 '광속' 통신은 시대를 초월해 존재했다. 당장 연기신호smoke signal와 수기신호semaphore flag가 생각난다. 그뿐 아니다. 산등성이를 따라 외적의 침입을 알리던 봉화, 바다를 향해 윙크하는 등대, 철도의 수신호도 있다. 이들 방법 모두 비록 아주 멀리까지 보내지는 못해도, 엄연히 광속으로 시각적 메시지를 전송하는 수단이다.

아이러니하게도 전기의 개발이 통신을 오히려 더 느리게 만들었다. 적어도 초창기에는 그랬다. 메시지를 전선에 실어 보내는 것은 당연히 광선에 실어 공기 중으로 쏘는 것보다 오래 걸렸다. 섬광보다 빠른 건 없기 때문이다. 광속은 가장 빠른 속도다. 하지만 통신 혁명을 일으킨 것도 전기였다. 우여곡절 끝에 영국과 북미를 잇는 대륙 간 해저케이블이 설치되자 덕분에 메시지가 대서양을 횡단하는 데 걸리는 시간이 단박에 12일에서 16시간 30분으로 줄었고, 나중에는 전송 속도가 단 몇 분으로 줄었다.[3] 놀라운 성과 같다. 하지만 생각해보라. 광선은 같은 거리(런던에서 뉴욕까지)를 단 200분의 1초에 주파한다.[4]

마이클 패러데이Michael Faraday, 1791~1867와 에디슨 같은 19세기 전기 개척자들이 전기를 대량으로 발생시키는 방법을 알아내자 단박에 전기가 정보 전송의 명백하고 실질적인 수단으로 등극했다. 하지만 가장 중요한 문제가 있었다. 국지적으로는 나름 빛의 속도로 이루어지던 전통적 통신수단이 어둠의 속도로 느리게 가는 장거리 전기통신으로 대체된 아이러니한 상황이 생긴 것이다. 전기 정보는 실시간보다 걸음이 느렸다. 전신이 나라와 대륙을 연결하긴 했지만 메시지 전송은 여전히 놀랄 만큼 오래 걸렸다. 일단 언어를 모스부호Morse code로 바꾸고 받은 모스부호를 다시 언어로 바꿔야 했다. 부호 전송 자체도 전기적 점들dots과 선들dashes이 뒤섞이지 않게 비교적 완만한 속도로 이루어져야 했다.[5] 전화가 이 상황을 점진적으로 개선했지만 장거리 통화는 여전히 복잡했다. 인간 교환수가 교환대에 케이블을 꽂았다 뺐다 하며 각각의 통화를 접속해야 했다.

흥미롭게도 전화의 개척자 알렉산더 그레이엄 벨Alexander Graham Bell, 1847~1922은 자신의 발명이 장거리 메시지 전송에는 불편하다는 점을 직관적으로 알았다. 사람의 말이 전선을 따라 흐르기 때문에 전선 양끝에 있는 전화기라는 지리적으로 고정된 두 지점 사이에서만 대화가 가능했다. 벨은 전화기 특허를 취득한 지 4년 후인 1880년 광전화photophone의 프로토타입을 발안했다. 소리와 화상을 구불대는 전선으로 타전하는 게 아니라 광파에 실어 허공에 날리는 방법이었는데, 오늘날의 휴대폰을 향한 영감의 고갯짓이었다. 만약 이 발안이 성공했더라면 빅토리아 시대 증기기관차 승객들도 오늘날의 우리처럼 무의미한 휴대폰 채팅으로 서로를 짜증나게 할 수 있었을 텐데.

빅토리아 시대의 휴대폰

사람들은 전화 하면 벨을 떠올린다. 세상에 가장 광범한 영향을 미친 이 기利器 중 하나인 전화의 발명으로 명성을 얻은 사람은 스코틀랜드 태생의 발명가 벨이다. 하지만 최초로 전화를 발명한 사람이 누구인지는 오랜 논쟁거리였다. 경쟁자였던 미국의 엘리샤 그레이Elisha Gray, 1835~1901가 공교롭게도 1876년 벨이 특허를 낸 날과 같은 날 비슷한 발명 특허를 냈다. 더구나 이탈리아계 미국인 기술자 안토니오 무치Antonio Meucci, 1808~89는 그보다 거의 30년 전인 1849년에 이미 전화기를 개발했다.[6] 하지만 벨은 현재 우리가 쓰는 전화, 즉 번거로운 케이블이 아니라 보이지 않는 고에너지 라디오파로 통화하는 휴대폰에 보다 근접한 전화를 착안하기도 했다.

벨과 그의 조수 찰스 테인터Charles Tainter, 1854~1940는 유선전화기의 한계를 인식하고 전화기 특허를 낸 지 불과 4년 만에 사실상 최초의 무선전화기인 광전화를 생각해냈다. 기본 원리는 간단했다. 화자의 음성이 큰 혼horn으로 들어가고, 회절격자grating가 위아래로 진동한다. 이에 따라 회절격자를 통과하는 광선이 깜빡거림을 만들면서 화자의 음성이 일종의 부호로 변환돼 멀리 있는 수신기로 넘어가고, 수신기는 이 과정을 반전시켜 원래의 음성을 재생한다. 실험에서 벨과 테인터는 광선을 이용해 200m 이상 떨어진 곳까지 소리를 전달하는 데 성공했다.[7]

벨은 광전화를 자신의 가장 위대한 발명, 심지어 (지금까지 원조 논쟁이 있는) 유선전화보다 더 위대한 발명으로 여겼다. 하지만 광전화는 보편화하는 데 실패했다. 태양광선과 전기로 밝게 빛나는 세상에서 보통의 광선이 전달하려는 메시지가 중간에 유실되지 않고 어디든 도달하기란 어려운 노릇이다. 그럼에도 벨의 천재성은 휴대폰뿐 아니라 광섬유 케이블의 미래까지 내다본 것이었다. 광섬유 케이블은 레이저빔을 이용해 디지털 정보를 머리카락처럼 가는 유리 또는 플라스틱 '파이프'에 실어서 신호가 중간에 빠져나가거나 망가지는 일 없이 전달한다.

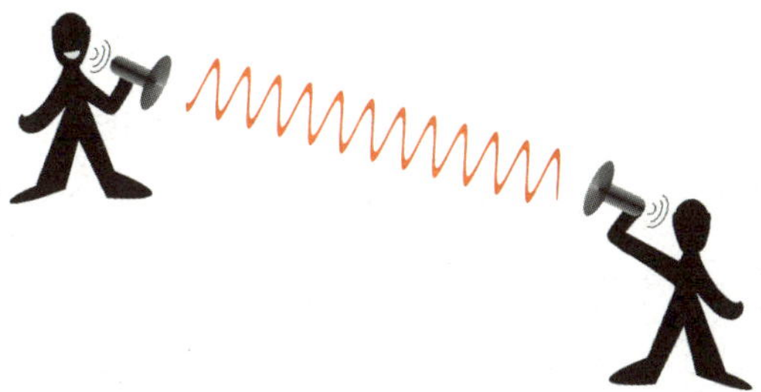

벨의 광전화가 소리를 전달하는 방법 광전화는 소리를 광선에 실어 보낸다. 혼에 대고 말을 하면, 입에서 나오는 음파가 회절격자를 앞뒤로 진동시킨다. 이때 전송기 내부의 전구에서 나오는 빛이 흔들리는 회절격자 때문에 음성의 고저에 따라 깜빡인다. 이 빛이 허공을 쌩 가로질러 청자에게 도달하면 수신기 내부의 전자감지기가 광선을 다시 전기신호로 변환해 화자의 음성을 재생하는 스피커에 공급한다.

라디오의 시대

GPS, 휴대폰, TV, Wi-Fi 인터넷 같은 최신 통신수단들은 모두 라디오의 '진정한' 아버지 하인리히 헤르츠Heinrich Hertz,

1857~94의 업적에서 영감을 받았다. 일반적으로 이탈리아의 학자이자 기업가 굴리엘모 마르코니Guglielmo Marconi, 1874~1937가 라디오(무선전신)를 개발한 것으로 알려져 있지만 사실 그는 라디오가 상업화·대중화하는 데 기여한 사람이다. 그의 사업적 성공은 1912년 호화 유람선 타이타닉호의 침몰사고 '덕분'이었다. 승선자의 일부라도 구조될 수 있었던 것이 무선전신 덕분이었기 때문이다. 하지만 1896년 마르코니가 영국체신부에 라디오 시제품을 선보이기 위해 이탈리아를 떠나 처음 영국에 갔을 때는 그의 미스터리한 장비를 정교한 폭탄으로 오해한 세관원에 의해 입국을 저지당하기도 했다.

라디오 이론을 세운 사람은 스코틀랜드 출신의 물리학자 제임스 클러크 맥스웰James Clerk Maxwell, 1831~79이다. 그는 전기와 자기를 네 개의 간단한 수학 방정식으로 멋지게 엮어서 1873년 최초로 전자기이론을 확립했다. 전자기이론의 기본 개념은 전기와 자기가 완전히 분리된 두 가지라기보다 동전의 양면과 같다는 것이다. (즉 하나 없이 다른 하나를 얻을 수 없다.) 헤르츠가 이 이론을 확장했고, 14년 후 최초로 공중을 가로지르는 파동의 존재를 증명하고 라디오파를 전송하는 데 성공했다. 제5장에서 말했다시피 라디오파는 햇빛(전자기파)의 일부일 뿐이다. 자세히 말하면 전자기파 중에서 파장(wavelength, 파고와 파고 사이의 거리)은 길고 주파수 (frequency, 초당 파동 수)는 낮은 부분이다. 헤르츠는 1887년 바로 이 점을 확실하게 증명했다. 두 명의 미국 물리학자 앨버트 마이컬슨Albert Michelson, 1852~1931과 에드워드 몰리 Edward Morley, 1838~1923가 마침내 에테르의 신화를 깨부순 해와 같았다. 이렇게 라디오의 시대가 열렸다.

마르코니가 능란하게 실증했듯, 라디오파는 장거리로 소리를 보내는 도구로 완벽했다. 이후 다른 발명가들이 소리와 함께 이미지를 보내는 방법을 발견하면서 텔레비전이 탄생했다. 그중 미국 엔지니어 필로 T. 판즈워스Philo T. Farnsworth, 1906~71는 말이 끄는 쟁기가 밭에 깔끔한 고랑을 만드는 것을 보고 (평행 광선을 스캔해서) 화상을 만드는 전자식 TV 시스템을 구상했다. 하지만 판즈워스는 진정한 텔레비전의 아버지로 인정받지 못한 자괴심에다 자신의 고매하고 교육적인 발명이 거실 구석의 경박하고 부패한 무언가로 추락한 데 환멸을 느껴 여생을 허비하다가 무일푼의 알코올중독자로 삶을 마감했다.[8]

한편 TV의 등장도 라디오의 확산을 막지 못했다. 라디오파, 즉 전파는 물체에 맞고 튀어나오기 때문에 이걸 이용해 물체가 얼마나 멀리 있는지, 얼마나 빨리 움직이고 있는지 알아낼 수 있었다. 이 발견이 우리에게 레이다를 주었다. 이제 우리는 라디오파를 위성으로 쏘아서 지구로 반사하는 방법으로 전화와 TV와 인터넷의 신호를 지구의 한편에서 다른 편으로 전송한다. 이 모든 것이 몇 초 만에 이루어진다. 광통신(레이저빔에 정보를 담아 광섬유로 전달하는 방법)을 제외하면 사실상 모든 형태의 현대 장거리 통신이 라디오파 전송을 통해 이루어진다. 그럼 정확히 어떻게 작동할까? 어떻게 지구 반대편의 팝스타가 눈 깜짝할 새에 허공의 진동을 이용해 우리 집 TV에 들어오게 되는 걸까?

라디오의 작동 방식

아프리카에 있는 친구와 대화하고 싶은데 가진 거라곤 전자 하나라면? 다시 말하지만 전자는 원자라는 텅 빈 대성당의 가장자리를 파리처럼 윙윙대는 작은 입자다. 이걸로 통신을 할 수 있다고? 이론적으로는 그렇다. 전기가 앞뒤로 진동하면 자기가 발생한다. 나침반을 전선 근처에 놓으면 나침반 바늘이 움직이는 마법을 다들 한번쯤은 봤을 거다. 사실 바늘을 움직이는 것은 마법이 아니라 전선을 타고 앞뒤로 쇄도하는 전류다. 전류가 주변에 생성한 자기장이 바늘을 돌아가게 한다. 마찬가지로 자기가 요동할 때도 전기가 발생한다. 다이너모 자전거의 페달을 밟아 바퀴를 돌릴 때 우리가 실제로 하는 일은 전선 코일을 자석 안에서 회전시키는 것이다. 전선의 자기장이 끝없이 요동하면서 전기를 만들어 자전거 램프에 불이 들어온다. 태양에너지를 제외하고 우리가 생산하는 전기는 모두 이런 방식으로 전자기 발전기에서 나온다. 그럼 라디오파는?

라디오 방송국을 세우는 법

전자를 케첩병 흔들 듯 위아래로 아주 빠르게 흔든다고 가정하자. 전자에는 전하가 있다. 전하를 흔들면 자기장이 발생하고, 요동치는 자기장은 전기를 발생시킨다. 즉 전하를 아래위로 흔들면 상호 연결된 전기장과 자기장이 동시에 생성돼 서로를 더 부추긴다. 이렇게 진동하는 전자로부터 전기와 자기의 물결 모양 파동이 퍼져나가 빛의 속도로 달아난다. 이것이 라디오파의 실체다.

보다 현실적인 방법은 전자를 직선 금속 막대를 따라 진동하게 하는 것이다. 이 막대를 라디오 안테나radio antenna라고 부른다. 안테나(다른 말로는 송신기)로 진동 전하를 발신 라디오파로 바꿀 수 있듯 수신 라디오파도 두 번째 안테나(수신기)의 도움으로 다시 전하로, 전기신호로, 우리가 들을 수 있는 소리로 바꿀 수 있다. 경험에 비추어볼 때 안테나의 길이는 그것이 송신 또는 수신하는 라디오파 파장의 약 절반이어야 한다. 예를 들어 약 2GHz(2,000,000,000헤르츠)의 주파수 대역에서 작동하는 휴대폰의 경우, 통화를 전달하는 마이크로파의 파장이 약 15cm이므로 필요한 안테나의 길이는 새끼손가락 길이쯤이다. (요즘 휴대폰은 안테나가 케이스 안에 교묘히 숨어 있다.) FM 트랜지스터라디오는 휴대폰보다 낮은 주파수대에서 작동하고 (따라서 파장이 더 길기 때문에) 구식 휴대폰처럼 1~1.5m 길이의 텔레스코픽 안테나를 사용한다. 안테나 길이를 보면 FM 방송의 라디오파 파장이 얼마나 긴지 대충 답이 나온다.[9]

거리 문제를 없애다

광파처럼 라디오파도 직선으로 날아간다. 하지만 그게 라디오파가 할 수 있는 전부라면 라디오 송신기는 등대 수준과 크게 다를 게 없다. 직진만 가능했다면 라디오파 신호가 그냥 우주로 날아가버려 메시지를 15~30km 이상 전송하는 데는 무용지물이었을 거다.[10] 다행히 라디오파는 둥근 지구를 따라 쉽게 휘어지고, 덕분에 편리한 통신수단이 될 수 있었다. 그 이면에는 두 가지 흥미로운 비법이 있다. 첫째, 높다란 라디오 안테나를 땅에 세우면(지구와 연결하면) 지구 자체가 안테나의 하반부처럼 작동한다. 물이 완전히 정지해 있는 호수

위에 안테나가 있다고 상상해보자. 옆에서 보면 안테나가 물에 비쳐서 두 배로 길어 보인다. 호수에 비친 자기 이미지 위에 서 있는 안테나. 같은 현상이 땅에 접한 라디오 안테나에도 일어난다. 즉 지구가 전기를 전도해서 안테나에 이어진 거울 이미지로 작용한다. 그래서 라디오파가 안테나에서 퍼져나갈 때 지구의 윤곽을 따라 자연스럽게 휘어진다. 이것을 지상파ground wave라고 한다.

라디오파를 이용한 장거리 통신을 가능케 한 두 번째 비법은 더욱더 신통하다. 많이들 알다시피 밤에 AM(중파) 라디오를 켜면, 낮에는 감지할 수 없었던 온갖 외국 라디오 방송

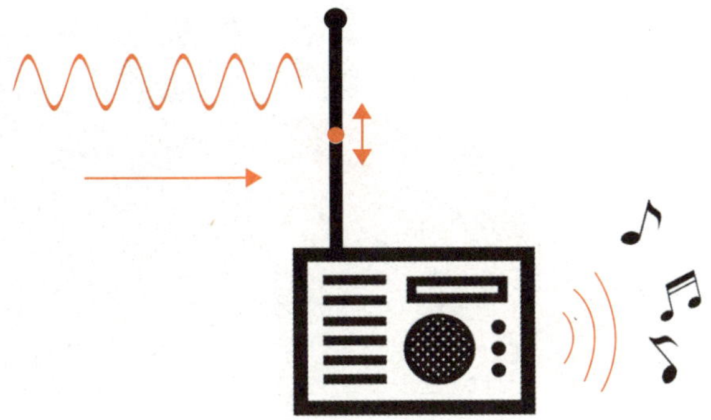

트랜지스터라디오의 작동 방식 트랜지스터라디오는 공중을 가르며 들어오는 라디오파를 잡는다. 전자기의 물결파가 안테나에 닿으면 전하가 안테나를 타고 위아래로 진동한다. 이것이 전류를 만들고, 라디오의 전기회로가 이 전류를 다시 음악이나 음성으로 바꿔 우리가 듣게 된다. 수신 신호는 대개 매우 약하다. 신호를 증폭시키는 반도체 소자를 트랜지스터라고 한다.

국들의 치직대는 소리를 들을 수 있다. 모든 것이 지구 대기의 전리권ionosphere이 부리는 조화다. 전리권은 지표로부터 60~500km 떨어진 구간을 말한다. (제트기 비행 고도보다 여섯 배 이상 높다.) 여기서는 분자들이 태양에너지로 인해 이온화된다. 즉 전자를 잃고 양전하를 띠는 원자들과 자유 전자들로 분리돼 있다. 그 때문에 전리권이라는 이름이 붙었다. 즉 전리권은 전기가 잘 통한다. 전리권은 태양복사(태양에서 방출되는 전자기파)의 영향을 극적으로 받기 때문에 낮과 밤의 거동이 급격하게 변한다. 낮 동안은 전리권의 최하층이 지상에서

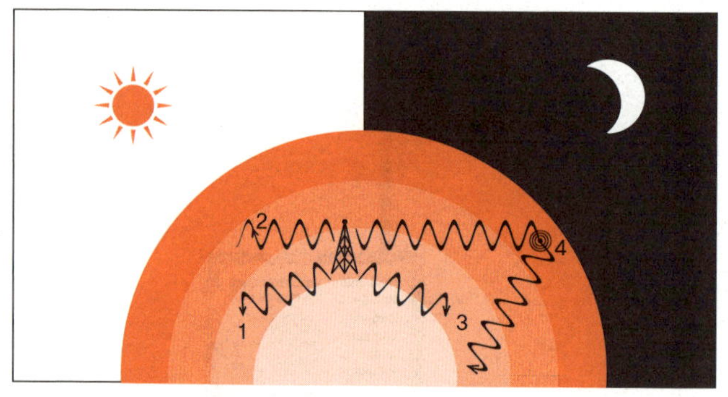

낮과 밤의 거동이 다른 AM 전파 1. 낮에는 지상파가 안테나를 떠나 지구의 굴곡을 따라 이동한다. 2. 우주로 향하던 라디오파가 전리권 하층에 흡수돼 더는 나아가지 못한다. 3. 밤에도 지상파는 낮과 같은 방식으로 이동한다. 4. 하지만 전리권의 하층은 낮과 달리 라디오파를 흡수·차단하지 않는다. 라디오파는 계속 진행해 전리권 상층에 이르고, 거기서 반사돼 다시 지상으로 튕겨 내려간다. 결과적으로 라디오파의 신호가 낮보다 훨씬 더 멀리까지 이동한다.

발사한 라디오파를 흡수해서 라디오파가 아주 멀리까지 이동하는 것을 막는다. 하지만 밤이 되면 이 현상이 줄어든다. 밤에는 전리권의 상층이 라디오파를 거울처럼 반사해서, 다른 때라면 우주로 빠져나갈 신호를 다시 지표로 내리쏜다. 또한 일부 라디오파는 지표와 전리권 사이를 반복적으로 토끼 뜀 뛰듯 오가며 결과적으로 지구 반대편까지 이동한다.

우주 거울

하늘을 껑충대는 라디오파의 트릭은 당대의 위대한 발명가들을 열광시키는 동시에 분열시켰다. 1901년 마르코니가 라디오파를 영국 콘월의 폴두에서 3,200km나 떨어진 캐나다 뉴펀들랜드까지 전송함으로써 최초로 대서양 횡단 무선통신에 성공하자, 벨은 그의 성공을 인정하려 들지 않았다. 벨은 이렇게 말했다. "마르코니가 정말 해낸 건지 의심스럽다. 불가능한 일이다." 의외로 에디슨이 더 열린 마음을 보였다. "라디오파를 타고 대서양을 건널 생각을 하고 또 거기에 성공한 기념비적 대담함을 보여준 젊은이를 꼭 만나보고 싶다."[11]

이 놀라운 현상에 대한 설명, 즉 전리층의 라디오파 반사를 밝힌 이론은 영국 최고의 물리학자였지만 오늘날 학계

밖에서는 별로 알려져 있지 않은 올리버 헤비사이드Oliver Heaviside, 1850~1925의 통찰과 혜안에서 나왔다.[12] 그는 젊은 시절에는 전리층의 존재를 밝히고 단파가 장거리 통신에 유용함을 발견하는 등 글로벌 통신에 혁신을 일으켰지만, 말년에는 은둔하면서 기인의 삶을 살았다. 자기 옷을 기모노와 바꾸고, 가구를 내버리고 대신 화강암 덩어리들을 들이고, 집 벽을 미납 가스요금 청구서들로 도배하고, 우유와 쿠키만 먹고 살면서, 바람피우는 이웃들에게 '벌레 같은 올리버 헤비사이드 교수His Wormship, Professor Oliver Heaviside, W.O.R.M'로 서명한 정중한 항의편지를 날리는 기벽을 보였다.[13] 과학기술의 진보가 천재와 광기 사이에서 줄을 타던 이에게서 나온 경우가 많다는 사실은 참으로 흥미롭다. 기벽은 지루한 학자의 삶에 다채로운 열정을 더하는 것일까, 아니면 더 있을 놀라운 통찰을 막는 정신병에 불과할까? 우리로서는 알 수 없다. 헤비사이드의 친구이자 역시 뛰어난 물리학자였던 조지 설George Searle, 1864~1954은 헤비사이드를 '일류 괴짜'일 뿐 '결코 정신병자는 아닌 사람'으로 표현했다.[14]

헤비사이드의 발견은 말 그대로 천기누설이었다. 1902년 그는 라디오파 전송을 위한 전리권의 유용성을 예측함으로써 현대 글로벌 라디오와 TV 방송의 초석을 놓았다. 무선 신호를 세계 방방곡곡으로 튕겨 보내줄 거울이 하늘에 있다면

얼마나 좋을까? 전리권이 그 역할을 해주는 건 맞는데, 문제
는 이것이 자연현상이라서 신호 전달을 돕는 능력이 하루 중
시간대에 따라, 심지어 날씨에 따라 극적으로 변한다는 것이
다. 통신을 안정적으로 지원할 거울이 하늘에 실제로 있다
면? 이것이 통신위성communications satellite을 낳은 기본 발상
이다.

일찍부터 같은 생각을 한 사람들은 많겠지만, 일반적으로
공상과학 소설가 아서 C. 클라크Arthur C. Clarke, 1917~2008가
정지우주선(우주 거울과 같은 개념)을 이용해 지구 이편에서
저편으로 메시지를 보내는 방법을 처음 생각해낸 인물로 꼽
힌다. 그는 1945년 통신위성에 대한 아이디어를 과학 잡지
를 통해 처음 제안했다. 지구 상공에 위성 세 개를 각기 다른
궤도에 올려 지구 자전속도와 같은 속도로 돌게 하면 지상
에서는 위성들이 항상 같은 지점에 떠 있게 될 테고, 이를 장
거리 라디오파 통신에 이용하자는 아이디어였다.[15] 그러려
면 위성들이 지상에서 36,000km 높이에서 현재 정지궤도
geostationary orbit로 부르는 경로를 따라 움직여야 했다. 이 아
이디어는 매우 사변적·이론적으로만 남아 있다가 1957년
소련이 최초의 인공위성 스푸트니크 1호Sputnik 1를 성공적
으로 발사하면서 상황이 바뀌기 시작했다. 스푸트니크 1호는
통신위성도 아니고 정지궤도에도 오르지 않았지만 맞는 방

향으로 내딛은 커다란 발걸음이었다. 그로부터 3년 후 미국이 말 그대로 우주의 거울인 세계 최초의 통신위성 에코 1호 Echo1를 발사함으로써 한걸음 더 나아갔다.

현대의 통신위성은 트럭 크기의 깡통처럼 생겼다. 접이식 태양전지판이 동력을 공급하는 전자장치로 가득하고 개발비가 수억 달러씩 들어간다. 이와 달리 초창기 에코 1호는 지름이 30m에 달하는 거대한 공기주입식 마일러(Mylar, 전기절연재) 플라스틱 풍선이었다. 이는 라디오파를 우주의 반사판으로 발사해서 벽에 찬 공처럼 다시 지상으로 내리꽂자는 과학자들의 발상에 대한 개념 증명이었다. 이 성공적인 실험 후 불과 2년 만인 1962년 최초의 상업용 통신위성 텔스타Telstar가 지구궤도로 발사됐다. 이후 1965년 세계 최초의 진정한 정지궤도 통신위성인 인텔샛 1호INTELSAT I가 떴다. 별명이 '일찍 일어나는 새Early Bird'였던 이 위성은 한 번에 240개의 통화 또는 한 개의 흑백 TV 채널을 중계할 수 있었다. 이와는 비할 수 없이 정교해진 지금의 통신위성은 동시에 수백 개의 TV 채널을 전송한다.

왜 라디오파를 이용할까?

전자기복사(electromagnetic radiation, 파장이 짧은 감마선부터 파장이 긴 라디오파까지를 포함하는 에너지)가 형태만 여럿일 뿐 모두 같은 것이라면, 어째서 우리는 통신에 예를 들어 엑스선이나 감마선이 아니라 굳이 라디오파를 이용하는 걸까? 엑스선이나 감마선은 파장이 극히 짧으니까 감마선을 이용하면 송신기와 수신기도 똑같이 작아야 하고, 따라서 거대한 안테나가 필요 없으니 오히려 엄청 편리하지 않을까?

이유는 두 가지다. 첫째, 전자기복사의 파장은 주파수와 반대다. 수학적 표현으로는 반비례관계다. 즉 파동이 길수록 주파수(와 에너지)는 작아진다. 감마선과 엑스선의 경우 파동은 작고(파장이 원자 수준으로 극소하다) 주파수는 끝내주게 높다. 라디오파의 주파수 단위는 메가헤르츠MHz이지만 엑스선과 감마선의 주파수는 이보다 약 1조 배 더 높다. 에너지도 그만큼 세다. 여기에 다량으로 노출되면 건강에 해롭다. 치명적 원자방사선이 자기 집에 비처럼 퍼붓기를 원하는 사람은 없다.

파장이 길어도 해로울 수 있다. 대표적인 것이 (파장이 13cm인) 마이크로파다. 마이크로파를 이용하는 전자레인지는 해로운 마이크로파가 밖으로 빠져나가는 것을 막기 위해 내부가 금속으로 둘러져 있다. 하지만 전자레인지만 막으면 될까? 휴대폰 간에 신호를 보낼 때도 같은 마이크로파를 쓴다. 주요 차이점은 전자레인지의 전력 소비량이 수천 배 많다는 것이다. 휴대폰 전자파를 둘러싼 안전성 논란이 진행 중이긴 하지만, 이 결정적 차이만으로도 마이크로파가 전자레인지의 닭고기는 바싹 구워도 우리의 대뇌피질은 무탈하게 놔둘 것으로 보인다.[16] 닭고기를 전자레인지에 넣는 대신 휴대폰에 올려놓고 조금이라도 익기를 기다려보자. 설사 그게 가능하다 해도 수천 배나 오래 걸린다. 4분이 아니라 아마도 8일을 기다려야 한다.[17]

통신에 라디오파를 쓰는 두 번째 이유는 라디오파가 더 멀리 가기 때문이다. 라디오파의 파장은 하늘을 껑충껑충 가로지르는 거인의 걸음처럼 크기 때문에 신호 손실이 거의 없이 빌딩과 집, 나무와 자동차를 피해 날아갈 수 있다. 또한 건물 안이나 차 안에서도 아무 문제없이 라디오 방송국의 신호를 포착할 수 있다. 이 장파 라디오파의 도움으로 오늘도 BBC 월드서비스가 전 세계에 흩어져 있는 영연방 국가들로 '여왕 찬가'를 꾸역꾸역 보내고 있다. 그럼 만약 송신기를 어떻게든 재구성해서 라디오파 대신 엑스선을 송출한다면? 그러면 신호를 옆 동네로 보내는 것조차 힘들어진다. 초단파인 엑스선은 일상의 사물에 훨씬 쉽게 흡수되는 데다 납 같은 중금속은 아예 통과하지 못한다.

신의 속도, 광속

연기 신호부터 우주위성까지의 여정은 길었다. 한 바퀴 돌아서 원점으로 돌아오는 여정이기도 하다. 초창기 통신은 사람과 사람이 빛의 속도로(시각적으로) 전달하는 방식이었고, 지금도 방식은 같다. 차이가 있다면 두 가지다. 더는 사람들이 서로가 실제로 보이는 곳에 있을 필요가 없다는 것과 대화의 날개가 되어줄 '빛'이 (이론적으로는) 어떤 종류의 전자기도 될 수 있다는 것. 정보를 실어 보내기에 빛보다 좋은 건 없다. 빛보다 빠른 건 없기 때문이다. 그런데 왜 그럴까? 빛은 왜 이렇게 특별할까?

우리는 빛을 조명의 관점에서만 생각하는 경향이 있다. 태양이 우리의 삶을 반나절 동안 밝히고 전등이 나머지 반을 책임진다. 빛은 우리 시각의 동력이다. 하지만 설사 실명한다 해도 우리는 점차 시각 없이 사는 법을 배우게 된다. 다시 말해 빛은 (식량 생산에 필요하다는 점을 제외하면) 결국 부수적인 것이다. 우리가 눈을 감아도 세상은 멈추지 않는다. 하지만 빛을 공간을 번개처럼 가로지르는 전자기의 끝없는 파동으로 생각한다면? 또는 광속(c)이 에너지(E)와 물질(m) 사이의 연결고리($E = mc^2$)로 생각한다면? 그러면 빛(전자기복사)은 훨씬 본질적이고 필수적인 것이 된다. 전화 통화나 라디오 청

취는 우리를 숨어 있는 원자 우주와 연결한다. 창문으로 흘러드는 햇살, 안테나를 울리는 라디오파, 우리 목소리를 먼 나라의 친구들에게 팅겨 보내는 위성, 이 모든 것이 물질의 정수精髓를 이용한 것이다.

빛은 왜 그렇게 빠를까? 아무 의미 없는 질문이다. 은하수 속 수많은 '자갈' 중 하나에 바글바글 올라앉아 있는 인간 크기의 생물에게는 빛이 엄청 빨라 보이지만, 우주 반대편에서 이메일이 도착하기를 1,000억 년 동안 기다리는 입장이라면 빛이 그리 빨라 보이지 않는다. 열심히 생각하다보면 이 문제는 이내 물리학에서 철학으로 바뀐다. '빛은 왜 그렇게 빠른가?'에서 '빛은 왜 존재하는가?' 또는 '빛은 무엇인가?'로. 그리고 우리 중 누구도 그 미스터리에 대한 답을 내지 못할 것 같다.

7장

난방은 쉬워도 냉방은 어렵다

#열역학 #엔트로피

이번 장에서 알아볼 것

- 뜨거운 커피보다 빙산이 열에너지가 많은 이유는?
- 집을 데우기는 쉬워도 식히기는 왜 어려울까?
- 순식간에 아이스크림을 만드는 방법이 뭘까?
- 노트북은 쓸수록 왜 점점 뜨거워지는 걸까?

북유럽이나 미국 동해안

같은 온대 지역의 사람들은 일 년 중 반은 춥다고 난리 치고 나머지 반은 더위에 신음하며 보낸다. 이렇게 계절이 발생하는 것은 지구가 자전축이 어정쩡하게 기울어진 채로 태양 주위를 공전하기 때문이다. 이러면 같은 곳이라 해도 때에 따라 햇빛을 받는 각도가 달라진다. 우리 대부분은 계절을 반갑고 긍정적인 변화로 본다. 일 년 내내 강추위 아니면 무더위에 시달리고 싶은 사람이 어디 있겠는가? 하지만 시시때때 난방과 냉방을 빡세게 오가야 하는 현실에 부딪히면 얘기가 달라진다. 여름과 겨울은 멀찍이 떨어져 있어서 우리가 둘을 나름 묵묵히 즐기는 편이다. 계절에 비하면 밤낮의 온도차는 상대적으로 약한 데도 오히려 우리는 일교차에 더 예민하다.

만약 두 문제가 한데 얽힌다면 어떨까? 만약 한낮은 항상 한여름 기온이고, 한밤은 항상 한겨울 기온이라면? 그리고 이런 변화가 12시간마다 일어난다면? 계절 변화가 변덕이 죽 끓듯 일어난다면? 사실 상상하기도 싫다. 그렇게 되면 매년 한 번씩만 더위와 추위를 오가는 지금과는 고생의 차원이 달라진다. 잠깐 집을 덥혔다가 다음 순간 다시 집을 식히는 일을 무한 반복해야 한다. 이런 속사포식 계절 변화에 맨 정신을 유지할 인간은 없다. 아니면 우리가 미친 듯이 냉난방을 반복하다가 그 짓의 부질없음을 깨닫고 얼마 안 가 다른 방도를 찾아내지 않을까? 태양에너지를 저장하고 열 이동을 막아 인류를 온도 변동의 고통과 냉난방 비용에서 해방할 획기적인 방법을 신속히 고안해낼 수도 있다.

그러면 다행인데 과연? 우리는 심지어 집에서도 극과 극의 온도를 오간다. 주방만 해도 과랭 박스들(냉장고와 냉동고)에서 침 뱉으면 닿을 거리에 과열 박스들(압력솥과 전자레인지)이 있다. 이 밖에도 열기와 냉기의 포켓들이 여기저기 흩어져 있다. 전기포트, 가정용 아이스크림 제조기, 삶는 기능과 회전 건조 기능이 있는 세탁기. 다른 구역도 마찬가지다. 선풍기, 전기히터, 샤워기, 다리미, 헤어드라이어, 에어컨 등.

우리는 늘 무언가를 가열하거나 냉각하고 있다. 전기와 가스가 펑펑 제공되고 그걸 지불할 돈도 넘쳐나는 한, 데웠다 식히는 과정은 끊이지 않는다. 그런데 왜 그래야 하는 걸까? 왜 집이 겨울에는 따뜻하게, 여름에는 시원하게 유지되지 않을까? 우리는 끝없이 온도 널뛰기를 한다. 그걸 피할 방법은 없을까?

불변의 법칙

사회법칙은 삶에 지속성 있는 평화와 고요를 보장받기 위한 흥정이자 계약이다. 행동의 적정선을 지키고 사회적 관습을 준수하면, 남들도 나를 원하는 대로 내버려둔다. 하지만 항상 선택의 여지는 있다. 사람들은 개인의 이익을 위해 처벌의 위험을 무릅쓰고 사회의 법을 깨기도 한다. 이때 법칙 위반의 대가는 몇몇 이웃의 비웃음부터 전기의자의 감전사까지 지극히 다양하다.

하지만 물리법칙은 완전히 다르다. 절대적이다. 절충이나 타협이 없다. 이 과학법칙들은 지극히 이분법적이어서, 준수 여부를 가늠하고 판결을 놓고 다툴 변호사나 법정, 판사나 배심원을 필요로 하지 않는다. 준수에 따른 보상도, 위반에 따른 처벌도 없다. 왜냐? 이 법칙들은 애초에 깰 수가 없기 때문이다. 물리학에 범죄와 견줄 수 있는 건 없다. 물리법칙을 어기는 것은 상상실험thought experiment의 경계를 넘지 못한다. 사람들은 밥 딜런Bob Dylan의 반대의견('법을 떠나 살려면 정직

해야 한다')에 환호하지만 물리학에서는 이런 식의 이상주의가 전혀 통하지 않는다. 법 밖의 삶은 없다. 끝.

그 법칙들 중에는 열기와 냉기(열기의 부재)의 거동을 규정하는 것도 있다. 열역학법칙Laws of Thermodynamics이라 불리는 법칙이 우리 주변에서 널을 뛰는 온도를 비롯한 많은 것들을 설명해준다. 열역학은 간단히 말해 '움직이는 열'을 의미하고, 따라서 열역학법칙은 자동차들이 어떻게 에너지를 낭비하는지, 발전소에 왜 그렇게 거대한 냉각탑이 필요한지, 왜 소들의 코는 축축하고 개들은 혀를 빼물고 있는지, 북극 사향소는 왜 눈 속에 꼼짝 않고 서 있는지를 설명한다.

빙산의 온도

열은 물체 내부에서 (운동에너지를 가지고) 요동하는 원자나 분자로 인해 발생하는 에너지의 한 종류다. 뜨거운 것일수록 내부 요동이 더 심하다. 수증기가 물보다 뜨거운 것은 내부에 운동에너지가 더 많기 때문이다. 마찬가지로 얼음보다는 물이 운동에너지가 더 크고 따라서 더 온도가 높다. 기체를 가열하면 그 안에 있는 원자나 분자의 움직임이 빨라지고 요동이 심해져서 서로 더 많이 더 심하게 충돌한다. 이렇게 물체

속 열을 원자들의 범퍼카 게임처럼 묘사하는 이론을 분자운동이론kinetic theory이라고 한다. 이 운동이론으로 열이 무엇이고 어떻게 작용하는지가 대부분 설명된다.

우리는 온도를 주로 열에너지와 결부하지만 사실은 미묘하게 다른 개념이다. 즉 온도는 물체가 얼마나 뜨겁고 차가운지에 대한 측정값일 뿐, 열에너지를 얼마나 함유하고 있는지에 대한 측정값은 아니다. 헷갈리는가? 그럼 뜨거운 커피 한 잔과 타이타닉호를 침몰시킨 거대 빙산을 비교해보자. 커피머신에서 갓 내린 커피는 약 $90\,^{\circ}C$이고, 빙산은 $-10\,^{\circ}C$ 또는 그보다 더 차갑다. 하지만 커피는 그래봤자 물 한 컵에 불과하다. 아무리 많은 분자를 함유하고 또 그 분자들의 평균 에너지가 높다 해도(얼음보다는 물이 뜨거우니까), 커피의 열에너지 총량은 대단치 않다. (에너지양은 각 분자의 평균 에너지를 분자의 총수로 곱해서 추산할 수 있다.) 이에 비해 빙산은 온도는 훨씬 낮지만 동시에 훨씬 크다. 여기서 관건은 크기다. 빙산 속 물 분자들의 평균 에너지는 물론 낮겠지만 그 총수가 비할 수 없이 많아서 결국 빙산의 총 에너지양이 훨씬 더 커진다. 커피가 더 뜨겁지만, 열에너지는 빙산이 평균적으로 약 2억 배 더 많다.[1]

열의 법칙

커피를 빙산에 올려놓으면 두 가지 일이 일어난다. 커피는 극적으로 식고, 빙산은 (감지할 수 없을 정도로) 아주 살짝 따뜻해진다. 온도가 다른 두 물체는 외교적으로 타협한다. 서로 열에너지를 주고받아서 정확히 동일한 온도가 돼 평형에 도달한다. 운동이론을 대입하면 쉽게 이해할 수 있다. 커피 속에서 비행 범퍼카처럼 날뛰는 뜨거운 물 분자들이 컵의 고체 세라믹 분자들과 충돌하면서 열을 전달하고, 그 과정에서 커피는 식고 컵은 따뜻해진다. 이 컵이 차가운 얼음과 접촉해 같은 방식으로 자기 열을 얼음에 전달해서 얼음 분자들을 덥히고 자기는 서서히 식는다. 이렇게 커피에서 얼음으로 열에너지를 전달하는 일종의 보이지 않는 컨베이어 벨트가 형성되고, 이 벨트는 둘 다 같은 온도가 될 때까지 계속 윙윙 돌아가며 열을 수송한다.

에너지는 마법과 거리가 멀다. 홀연히 나타났다 사라졌다 하지 않는다. 뭔가가 에너지를 잃으면 다른 뭔가가 반드시 에너지를 얻는다. 에너지 교환은 늘 제로섬 게임이다. 우리의 커피와 빙산도 예외는 아니다. 커피가 잃는 열에너지 양은 (주변 공기로 유실되는 열이 전혀 없다고 가정할 때) 빙산이 얻는 양과 같다. 이처럼 누가 잃고 누가 얻든 에너지 총량은 결국 변함없이 보존된다는 법칙이 바로 제2장에서 설명한 에너지 보존의 법칙이다. 다른 말로는 열역학 제1법칙First Law of Thermodynamics이라고 한다.

열 이동에 대한 다른 법칙도 있다. 이번 것은 훨씬 미묘하다. 커피를 빙산에 탁 내려놓으면 커피는 식고 얼음은 따뜻해지지만 절대 그 반대는 일어나지 않는다. 이는 제1법칙만으로는 설명되지 않는다. 제1법칙만 놓고 보면, 빙산이 더 냉각되며 열을 내서 미지근했던 커피를 펄펄 끓게 하지 못할 이유가 없다. 어쨌거나 한 곳의 열 취득heat gain이 다른 곳의 열 손실heat loss과 완벽하게 균형을 이루기만 하면 되니까. 제1법칙만 만족시키면 된다면 그런 일이 일어나지 말란 법이 없다. 문제는 세상에 그런 일은 일어나지 않는다는 것이다. 그 이유는 바로 열역학 제2법칙Second Law of Thermodynamics이 있어서 그런 경우를 배제하기 때문이다. 제2법칙의 내용은 간단히 말해 열은 항상 뜨거운 것에서 차가운 것으로 흐를 뿐 (외부의 힘이 개입하지 않는 한) 결코 그 반대로 흐르지 않는다는 것이다. 열역학 제2법칙은 자연현상의 비가역적 방향성을 말한다. 즉 열에너지에는 퍼져나가고 흩어지려는 속성이 있다. (다만 절대 사라지지는 않는다.)

이렇게 열에너지가 흩어지는 현상을 과학자들은 '엔트로피entropy 극대화 경향'이라는, 다소 난해하게 표현한다. 쉽게 말해 우주는 자연적으로 질서에서 혼돈으로 움직인다는 뜻이다. 비단 열에너지에만 해당되는 얘기가 아니다. 포도주잔을 떨어뜨리면 대개는 수십 조각으로 박살난다. 하지만 박살난 조각들이 다시 튀어 일어나 온전한 유리잔으로 합체하는 것을 본 사람은 없다. 세상이 제2법칙의 지배를 받기 때문이다.

안락함의 비용

이론상으로나 실제로나 열역학법칙은 우리에게 집 안팎의 온도 변화에 대해 알아야 할 모든 것을 말해준다. 겨울에는 밖이 더 춥기 때문에 집을 계속 덥혀야 한다(제2법칙). 집이 잃은 열은 집 주변(집 밑의 땅과 집을 둘러싼 공기)이 얻는다(제1법칙). 집을 일정한 온도로 유지하려면 건물이 폐열의 형태로 잃는 에너지와 동량의 에너지를 전기나 가스나 기타 연료 형태로 투입해야 한다(제1법칙). 우리가 아무리 원해도 집은 밖에서 열을 빨아들여 저절로 따뜻해지지 않는다(제2법칙). 다만 열펌프(heat pump, 저온의 물체에서 열을 흡수해 고온의 물체로 보내는 장치. 펌프가 물을 낮은 곳에서 높은 곳으로 퍼 올리는 것처럼, 자연적인 사이클을 역행해 열을 이동시키는 것을 총칭한다)를 이용해 비슷한 효과를 낼 수는 있다. 열펌프에 대해서는 잠시 후에 설명한다.

겨울만 되면 신문들은 치솟는 에너지 비용, 에너지 빈곤층(난방비가 없는 사람들), 에너지 기업의 비도덕적 수익을 대대적으로 기사화한다. 그렇지만 우리가 지구에서 일상적으로 경험하는 온도들은 절대적 기준에 비하면 비교적 온화하고 일정한 편이다. 이론적 최저 온도를 절대영도absolute zero라고 한다. 절대영도는 -273°C이며 이 온도는 현실에서 (심지어 실험실에서도) 도달이 불가능한 것으로 밝혀졌다. 우리가 상상할 수 있는 가장 차가운 것은 절대영도보다 약 10억분의 1°C 높을 뿐인 거대 블랙홀의 내부다.[2] 절대온도 눈금의 반대편 끝, 즉 지금까지 과학자들이 만들어낸 가장 뜨거운 것은 빅뱅 재현 실험에 쓰는 스위스의 거대 강입자 충돌기LHC다. 이 실험에서 충돌기 내부 온도는 태양의 중심 온도보다 약 35만 배나 뜨거운 5조°C에 이른다.[3]

이런 극단은 우리가 치르는 온도와의 전쟁을 더없이 하찮게 만든다. 하지만 블랙홀에 갇혀 있든, 강입자 충돌기 안을 돌고 있든, 남극의 추운 오두막에서 달달 떨고 있든 우리에게 적용되는 물리법칙은 동일하다. 외부 온도가 (예컨대) 0°C이고 실내 온도를 18~20°C로 포근하게 유지하고 싶을 때 열역학법칙은 명백히 말한다. 자연을 역행하려면 공짜로는 안 돼. 그렇다. 안락함에는 비용이 든다.

집을 데우는 법

난방에 얼마의 에너지가 드는지도 열역학법칙으로 알 수 있다. 어디부터 시작할까? 이론적으로는 어렵지 않다. 우선 집에 있는 모든 사물(직물과 자재도 포함)을 나열하고 무게를 측정한다. 외부 온도(예컨대 0°C)를 측정하고 원하는 내부 온도(예컨대 20°C)를 정한다. 물질 각각의 비열용량specific heat capacity을 파악한다. 비열용량(줄여서 비열이라고도 한다)은 해당 물질 1kg의 온도를 1°C 높이는 데 필요한 에너지양을 말한다. 물질별 비열을 파악했으면 간단한 수학을 통해 집에 있는 모든 물질의 온도를 20°C까지 올리는 데 필요한 에너지 총량을 구한다. 이것이 (열역학 제1법칙에 따라) 집을 덥히는 데 드는 에너지다.

이 연습의 요점은 열역학적으로 봤을 때 집이 단지 공기로 채워진 벽돌 상자가 아니라는 것이다. 집은 그리 단순하지 않다. 한겨울에 난방을 완전히 하지 않고 두어 주 집을 비웠다가 돌아왔다 치자. 집을 다시 덥히는 데 족히 2~3일이 걸린다. 왜 그럴까? 집이 평소보다 더 냉각됐기 때문만은 아니다. 그보다는 집에 있는 모든 물체의 모든 원자와 분자가 (이론적으로) 운동에너지를 일부 잃었기 때문이다. 집을 평소의 아늑한 상태로 되돌리기 위해서는 그 안에 있는 모든 원자를 데워야 한다. 의자, 탁자, 책, 베개, 펜, 연필, 액자 등 모든 것의 모든 원자. 절대적으로 모든 것. 이것이 집을 다시 덥히는 데 오래 걸리는 이유다. 모든 것의 깊은 곳에서 에너지를 퍼올리려면 시간이 걸린다.

물건들을 죄다 합산해서 우리 집에 얼마나 많은 열이 있는지 추산하는 것은 실제로는 어렵다. 하지만 실행 가능하고 나름 정확한 다른 방법이 있다. 여러분이 지상 2층 지하 2층의 주택에 살고, 그 안에 네 대의 대형 전기축열히터가 있다고 치자. 상식적으로 생각해서 이 정도 집을 꽤 따뜻하게 하는 데 이틀어치의 열이 든다. 즉 네 대의 히터가 이틀 내내 죽어라 돌아야 한다. 우주의 다른 모든 것과 마찬가지로 축열히터도 에너지 보존의 법칙(열역학 제1법칙)에 순종한다. 히터가 낮에 뿜어내는 열에너지는 그것이 밤에 흡수하는 전기에너지와 동량이다. 만약 네 대의 히터가 7시간씩 이틀 밤 동안 충전된다면 히터들은 4×7×2＝56시간 분량의 전기를 흡수하게 된다. 히터들이 모두 동일하고 각각 3,500W의 구식 모델이라고 가정할 때 각각 196kWh(약 700MJ)의 에너지를 비축하는 셈이다. 이것이 일반적 가정집의 열 보유량에 대한 대략적 추정치다. 대략 5갤런(23ℓ)의 휘발유를 태워 얻는 양에 해당한다.

그런데 일부러 집을 덥힐 필요가 있을까? 에너지 보존의 법칙에 따르면, 우리가 먹는 음식에 있는 에너지의 대부분이 결국 우리가 주변에 발산하는 열의 형태로 재등장한다. 집에 사람이 넉넉하게 있다면 굳이 라디에이터 없이도 집을 덥힐 수 있다는 얘기다. 그럼 몇 명이나 필요할까? 책상에 앉아 있거나 걸어다니면서 우리는 약 100~200W의 열을 내뿜는다. 대략 대형 백열등 한두 개에 해당한다.[4] 대형 축열히터 한 대만큼 방을 덥히려면 약 35명이 방에 앉아 있거나 18명이 카펫이 닳도록 서성대고 있어야 한다. 축열히터 네 대를 모두 대체하려면 140명이 방에 앉아 있거나 70명이 왔다 갔다 해야 한다. 이것이 콘서트홀에 강력한 에어컨이 필요한 이유다.

집을 식히다

집을 시원하게 하는 것이 따뜻하게 유지하는 것보다 훨씬 까다롭다. 냉장고와 에어컨이 발명되기 훨씬 전인 19세기 중반, 무더위로 헉헉대는 런던 시민들의 유일한 위안은 노르웨이 등지에서 배로 수입하는 얼음덩이들이었다. 당시 카를로 가티Carlo Gatti, 1817~78 같은 장사꾼들이 북해를 오가며 얼음을 한 번에 400톤까지 들여왔다.[5]

집을 식히는 일은 왜 그렇게 힘들까? 이론상으로는 덥히는 것과 식히는 것이 정확히 반대이기 때문에 냉방이 난방보다 어려울 이유가 없다. 10°C의 냉수 한 컵을 90°C로 가열해서 끓게 하려면 일정량의 에너지를 공급해야 한다. 반대로 물이 100°C에서 10°C로 식을 때 물에서 동량의 에너지가 회수된다. 열역학 제1법칙이 양방향으로 작용하기 때문이다. 하지만 이것이 난방과 냉방도 가역성 거울 이미지 프로세스라는 의미는 아니다. 히터를 역회전시켜 방에서 열을 빨아들여 시원하게 만들 수는 없다. 방에서 열을 퍼내 석탄 덩어리에 다시 욱여넣었다가 내일 재사용할 수도 없다. 왜 그럴까?

열에너지가 뜨거운 것에서 차가운 것으로 이동하는 방법에는 전도conduction, 대류convection, 복사radiation라는 세 가지 방법이 있다. 전도는 뜨거운 것에 차가운 것이 접촉해서 열이 분자 간의 직접 충돌로 전달되는 것을 말한다. 뜨거운 물체의 활발한 분자들이 자기 에너지의 일부를 차가운 이웃 분자들에게 직접 전달한다. 대류는 기체나 액체처럼 유동성 물체에서 일어나는 열전달 방법이다. 기체나 액체의 소용돌이나 상승과 하강을 통해 열이 전달된다. 예를 들어 냄비 안의 수프를 가열할 때, 불에 가까운 냄비 바닥의 수프가 먼저 따뜻해져 밀도가 낮아지고, 따라서 슬슬 위로 올라가며 위쪽의 차가운 수프를 있던 자리에서 밀어내 아래로 보낸다. 위로 올라간 수프는 식어서 다시 내려오고 내려갔던 수프가 다시 올라간다. 이런 상승과 하강 패턴이 냄비 안의 열에너지를 천천히 순환시킨다. 세 가지 중 마지막 방법인 복사는 열에 들뜬 원자들이 비가시적 광선의 형태로 공기나 허공으로 열을 방출하는 것을 말한다. 헷갈리지 말자. 복사는 위험한 원자방사선 atomic radiation과는 전혀 다르다. 복사 현상의 대표적인 예가 모닥불 옆에 앉았을 때 볼이 발개지는 것이다. 불에 직접 닿지도 않았고(전도 현상이 없고), 주위 공기는 여전히 차가운 데도(즉 딱히 대류 현상이 없는데도) 몸에 열기가 느껴진다.

거실에서 3단 전기히터를 켜면 시뻘겋게 작열하는 세 개의 금속 막대가 방에다 열을 방출해서 방의 다른 모든 사물을 체계적으로 착착 덥힌다. 각각의 아이템은 따뜻해지면서 자기도 작은 열원이 되어 전도, 대류, 복사의 방법으로 다른 물체들에게 에너지를 전달한다. 그럼에도 난방과 냉방 사이에는 기본적인 비대칭성이 있어서 이 과정이 역방향으로 진행하지 않는다.

혹시 차갑고 새파란 금속 막대 세 개로 방에서 열기를 빨아들이는 3단 전기쿨러를 만들 수는 없을까? 그런 일은 있을 수 없다. 첫째, 냉각은 난방의 반대가 아니다. 뜨거운 것 하나(히터)는 여러 차가운 것들(방의 물건들)에게 쉽게 열을 복사한다. 열역학 제2법칙에 따르면 열에너지는 자연적으로 퍼지고 흩어지기 때문이다. 하지만 뜨거운 것들 여럿(더위에 뜨뜻해진 방의 물건들)이 차가운 것 하나에게 열을 효과적으로 전달(전도, 대류, 복사)하지는 못한다. 여럿이 자기 열을 하나에게 몰아주는 것은 힘들다. 둘째, 설사 금속 막대가 방의 물건들에서 열을 빨아들인다 한들 그 열이 어디로 가겠는가? 열을 내보낼 구멍이 없다. 방은 배수구가 있는 싱크대가 아니다. 3단 히터는 방 밖에서 생산된 에너지를 전선으로 빨아들여 전기를 열로 바꾼다. 즉 히터의 난방은 방 밖에서 방 안으로 열이 전달되는 전체 과정의 일부에 불과하다. 그 과정을 역행할 쉬운 방법은 없다. 벽난로에 얼음덩어리를 넣으면 얼음이 주변 에너지를 흡수해서 온도가 올라가 녹아버린다. 하지만 얼음이 방에서 에너지를 완전히 제거할 수는 없다. 더구나 얼음은 일단 녹으면 무용지물이다. 마찬가지로 냉장고 문을 열어서 주방을 시원하게 만들 수도 없다. 냉장고로 '빨려들어 간' 열기가 냉장고 뒤로 그대로 재등장한다.

이처럼 난방과 냉방 사이에는 우리가 어쩌지 못할 근본적인 차이가 있어 보인다. 왜 그럴까?

냉방 vs. 난방

무언가를 가열하고 냉각하는 것이 등가일 수는 있지만 결코 반대는 아니다. 가열은 물질에 혼돈과 무질서를 야기하는 반면 냉각은 반대로 질서와 안정을 가져다준다. 가열은 혼돈을 향하는 우주의 경향에 부합하지만, 냉각은 (인공적으로) 질서를 강제하는 것이며, 따라서 우주의 경향에 반하는 것이다. 열에너지가 전기히터에서 퍼져나가게 놔둬서 방을 덥히는 것은 쉽지만, 더운 날 같은 방을 시원하게 하려면 대개는 다른 방법을 써야 한다.

가장 단순한 냉각 장치는 선풍기다. 선풍기는 뜨거운 물체에 공기를 보내 물체가 대류 현상에 의해, 사람의 경우는 증발 현상에 의해 열을 잃도록 돕는다. (지나가는 바람은 피부의 땀을 빨리 말리고, 땀은 증발 과정에서 인체에서 열을 가져간다.) 이는 컨벡터 히터convector heater 작동법의 거울 이미지다. 컨벡터 히터는 방에 뜨거운 공기를 불어 보내 물건들의 가열을 도모한다. 하지만 선풍기만으로는 방을 오랫동안 꾸준히 식힐 수 없다. 밀폐된 방에서 선풍기가 하는 일이란 방의 공기를 섞으며 방 안의 이곳에서 저곳으로 열을 옮기는 것에 불과하다.

(히터 기능도 있지만 주로 냉각기로 사용되는) 에어컨은 방에서 열기를 '빨아들여' 밖으로 배출한다. 냉각수(끓는점이 낮은 휘발성 액체)로 채운 파이프를 이용한다는 점에서는 냉장고와 비슷하고, 공기를 흡입했다가 토해내는 점에서는 선풍

기와 비슷하다. 에어컨의 기본 작동 원리는 이렇다. 냉각수가 실내의 열을 흡수해서 가열되고, 파이프를 통해 밖으로 나가고, 밖에서 열을 방출해서 다시 냉각돼 돌아오는 순환 과정이 이어진다. 에어컨이나 냉장고는 열을 차가운 것에서 뜨거운 것으로 (물리법칙에 반하는 방향으로) 이동시킨다. 그래서 에어컨과 냉장고가 열역학 제2법칙을 거스른다고 생각하기 쉽다. 하지만 우리가 거기다 전기를 주입해서 억지로 그 역행을 만든 것뿐이다. 전기에너지가 뜨거운 것을 더 뜨겁게, 차가운 것을 더 차갑게 하는 비정상적 사이클을 가동해서 (열역학 제2법칙에 따라) 마땅히 없어져야 할 집 안팎의 온도차를 억지로 유지하는 것이다.

가열과 냉각 모두 시간이 걸린다. 통틀어 얼마의 열에너지를 더하거나 빼야 하는지, 초당 얼마씩 옮겨야 하는지 계산하면 걸리는 시간을 알 수 있다. 열역학 제1법칙에 대입하면 된다. 열역학법칙은 여름에 푹푹 찌는 방 안부터 수제 아이스크림 재료까지, 우리가 가열하거나 냉각하고 싶은 모든 것을 지배한다. 아이스크림 만들기는 대개 3시간이나 걸린다. 우윳빛 곤죽(아이스크림 재료)에서 열에너지를 제거해 고체로 만드는 데는 시간이 많이 든다. 하지만 편법이 있기는 하다. 1890년 영국의 요리사 아그네스 마셜Agnes Marshall, 1855~1905이 액체질소(질소는 -196°C에서 무색의 액체로 변하는데 이것을 냉각용 유체로 쓴다)를 이용해 아이스크림을 급행으로 만드는 방법을 개발했다.[6] 어떤 원리일까? 아이스크림의 재료는 대부분 우유이고, 우유는 대부분 물이기 때문에 냉각해야 할 분자가 많다. 냉장고에서 이 분자들이 에너지를 잃고 얼어붙기까지는 많은 시간이 필요하다. 이때 차디찬 액체질소를 우유에 넣는다면? 액체질소는 상온에 닿는 순간 기체로 변하는데, 이때 액체질소의 분자들이 우유의 열에너지를 흡수해 우유를 순식간에 얼려버린다.

열을 퍼올리는 기계

엄동설한에 땅을 파고 들어간다? 생각할 수 있는 최후의 난방법이다. 하지만 스칸디나비아나 스위스에 산다면 그리 나쁜 옵션도 아니다. 이들 지역에서는 지하에서 온기를 끌어올려 집 내부에 투입하는 지열 열펌프 ground-source heat pump를 꽤 흔하게 사용한다. 열역학 제2법칙 위반처럼 보이지만 딱히 그렇지는 않다. 흙이 공기보다 훨씬 따뜻하기 때문에 지표에서 몇 미터만 내려가도 꽤 많은 열이 저장돼 있다. 약간의 전기를 이용하면 파이프로 액체를 내려보내 땅속의 열을 흡수하게 한 다음, 다시 끌어올려 가정에 공급할 수 있다. 온수의 열이 떨어지면 다시 지하로 내려보낸다.

열역학 제1법칙에 따라, 집 안을 덥히는 열은 땅에서 추출한 열과 동일하다. 하지만 축열히터 4대 분의 열(14kW 또는 초당 14,000J)을 땅에서 퍼올려도 우리가 그만큼의 에너지를 도로 내놓을 필요는 없다. 이 말은 놀랍게도 열펌프는 효율이 100% 이상이라는 뜻이다. 우리는 열전달용 유체를 순환시키기 위한 비교적 적은 에너지만 내놓으면(지불하면) 된다. 따라서 열펌프는 맨땅에서 (열)에너지가 뚝딱 생기는 듯한 즐거운 인상을 준다. 하지만 알다시피 없던 에너지가 거저 생기는 일은 결코 없다. 열펌프는 설치 비용이 비싸다. 하지만 10~15년 꾸준히 사용하면 밑천은 회수된다.[7]

여름이 다가오면 이 트릭이 다시 한 번 빛을 발한다. 일반 히터와 달리 열펌프는 집에서 열을 흡수해 땅속에 도로 버리는 역방향 가동이 가능하다. 다시 말하지만 이때도 열펌프는 에어컨보다 싸게 먹히고 보다 환경 친화적이다. 우리가 지불하는 것은 펌프 가격뿐이다.

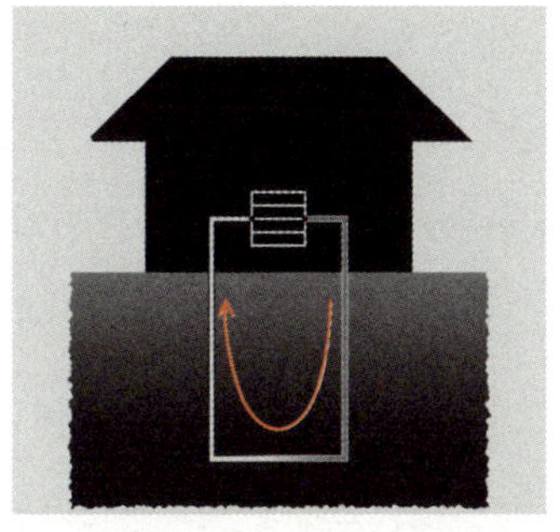

열 채굴 지열 열펌프가 유체를 땅속으로 발사해 열을 흡수하게 한 다음 다시 지상으로 퍼올린다. 이 열전달 유체가 집 내부의 열교환기를 통과한다. 그 과정에서 열기가 송풍장치를 통해 집 안으로 퍼지고, 열을 잃고 차가워진 액체는 땅으로 내려가는 순환을 반복한다. 집 안을 덥히는 에너지는 땅속에서 오고, 열펌프와 송풍장치는 그에 비하면 아주 적은 양의 에너지로 가동된다. 이 과정은 겉보기에는 열역학 제2법칙에 위배된다. 에너지를 차가운 곳에서 더운 곳으로 옮기기 때문이다. 하지만 이는 우리가 전동 펌프를 동원해 억지로 만드는 일일 뿐 자연법칙을 거스르는 마법은 아니다.

단열, 열을 지켜라

우리는 집에서 끝없이 물체를 가열하고 냉각한다. 예를 들어 끼니를 때울 때 냉장고에서 냉동식품을 꺼내 전자레인지에 돌린다. 싫어도 이런 일상을 피할 방법은 사실상 없다. 음식을 보존하는 방법은 여럿 있다. 통조림이나 방부처리 등. 하지만 슈퍼마켓이 가정의 냉장고와 한통속인 데다 바쁜 현대인이 할 수 있는 가장 손쉬운 음식 보관법은 역시 냉각이다. 우리가 식품 가열과 냉각에 쓰는 에너지양이 만만치 않다. 하지만 집 안 전체를 덥히고 식히는 데 들어가는 에너지 비용에 비하면 새 발의 피다. 따라서 집을 겨울에 따뜻하게, 여름에 시원하게 유지하는 방법에 관한 한, 우리는 열역학법칙을 십분 활용해 보다 용의주도해질 필요가 있다. 아무리 따뜻하고 포근한 집도 겨울에는 썰렁해진다. 그건 기정사실이다. 열역학 제2법칙은 열에너지는 반드시 뜨거운 것에서 차가운 것으로 흐른다고 말한다. 하지만 이 법칙이 못 박지 않는 게 있

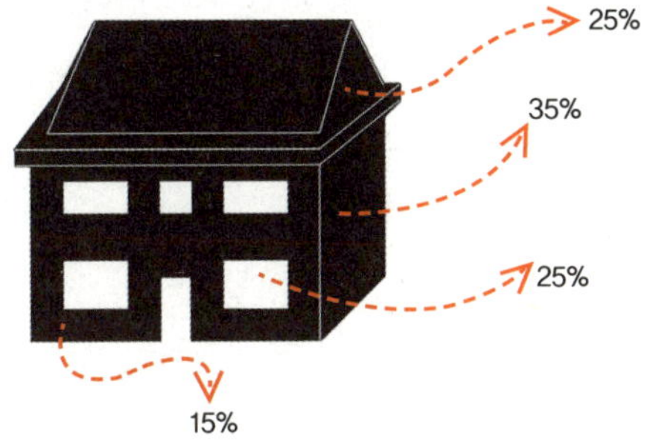

열의 행방 더운 공기는 상승하기 때문에 우리는 집의 열이 대부분 지붕을 통해 빠져나갈 것으로 생각한다. 하지만 사실 열의 4분의 3은 벽, 바닥, 문, 창문으로 새어나간다. 집을 따뜻하고 포근하게 유지하고 싶다면 곳곳에 단열재를 써서 열이 빠져나가는 것과 한기가 스며드는 것을 막아야 한다.

다. 바로 열 흐름의 빠르기다. 적어도 무언가는 우리에게 통제권이 있다는 의미다. 물리법칙에 따라 따뜻한 집이 식는 것은 막을 수 없지만 효과적인 단열재를 사용해 원하는 만큼 냉각 속도를 늦출 수는 있다.

추위에 적응하고 사는 생물 중에서도 특히 사향소는 단열이 잘된 집과 공통점이 많다. 보온력이 양모의 무려 여덟 배인, 두텁고 기다란 털이 일단 크게 도움이 된다. 북극 원주민이 사향소를 우밍막oomingmak, 즉 '가죽에 수염 난 동물'이라고 부를 만하다. 하지만 몸에 끝내주는 단열재를 두른 것에서 끝나지 않는다. 사향소는 떼 지어 모여서 꼼짝하지 않고 서 있는 방법으로 따뜻함과 포근함을 유지한다. 마치 집처럼.

이것을 정지 동면standing hibernation이라고 하는데, 사향소는
이 방법으로 신진대사(metabolism, 생물체 내에서 일어나는 물
질의 분해나 합성)를 떨어뜨려 열 소비를 최소화하면서 체온
을 유지한다.

열을 붙잡는 방법

열이 전도(직접 접촉), 대류(공기 이동), 복사(전자기파 방출)를
통해 집 밖으로 빠져나갈 때 열 손실을 줄이는 방법은 이 세
가지 과정을 늦추는 것이다. 이것이 진공보온병의 원리다. 진
공병은 이중벽으로 되어 있고, 벽 중간이 진공이고(저렴한 제
품은 진공 대신 절연용 폼을 사용한다), 내벽을 반사율이 높은
금속(주로 은)으로 코팅한 밀폐 용기다. 음료의 보온과 보냉에
사용한다. 병 입구와 마개를 제외하면 뜨거운 음료와 차가운
바깥 사이에 직접적 접촉이 없기 때문에 전도에 의한 열 손실
이 상당히 줄어든다. 또한 금속 용기는 복사에 의한 열 손실
을 줄이고, 진공과 외부 플라스틱 케이스는 대류를 막는다.

　이론적으로는 주택 단열도 열 손실을 진공병 수준으로 막
을 수 있다. 벽, 바닥, 천장에 시공하는 단열재는 열 흐름을 최
소화하기 위해 내부에 엄청난 양의 공기를 주입한 폼(발포 고
무), 질석蛭石, 암면stone wool, 플라스틱 등으로 만든다. 이중
유리창은 두 개의 얇은 창유리보다 그 사이에 두텁게 끼어 있

는 정지 공기의 역할이 훨씬 크기 때문에 사실 잘못된 명칭이다. 그보다는 '공기내벽창air-lined window'이 정확한 표현이다. 유리 속에 얇게 티타늄 금속 화합물 코팅을 입혀 반사율을 높인 하이테크 로low-E, low-emissivity 창문은 여름에 햇빛을 반사해 집 안을 시원하게 유지한다. 반대로 겨울에는 유리 코팅이 집 내부에서 생산된 열이 밖으로 빠져나가는 것을 막아 방을 따뜻하고 포근하게 유지한다. (진공병의 금속 코팅도 같은 작용을 한다.)

주택 단열 하면 UPVC 이중유리창과 지붕에 넣는 암면을 생각한다. 하지만 이는 단열 공법의 세계에서 빙산의 일각에 지나지 않는다. 궁극의 단열은 집을 '언 안개frozen smoke'라는 별명을 가진 초경량 고체 에어로젤aerogel로 둘러싸는 것이다. 이 소재는 열을 붙잡는 기능이 극도로 탁월해서 NASA의 에어로젤 전문가 피터 추Peter Tsou 박사에 따르면, "방 2~3개짜리 집을 에어로젤로 단열하면 양초 하나로도 집을 덥힐 수 있다. 단점은 결국에는 너무 뜨거워진다는 것이다."[8] 에어로젤이 단열 효과는 공기보다 10배나 높지만 안타깝게도 유리보다도 몇 배나 부서지기 쉽기 때문에 주택 단열에 본격적으로 쓰이려면 앞으로 다년간의 개발 과정이 필요하다. 그래서 건축가들은 열 성능이 덜 획기적이지만 나름 효과적인 패시브하우스 스탠더드Passivhaus Standard라는 접근법에 주목한다. 1990년대 초 독일에서 개발된 패시브하우스는 외부에서 열심히 에너지를 끌어다 쓰는 액티브하우스active house에 대응하는 개념으로, 화석연료 사용을 최소화하고 대신 집의 열 '누수'를 꼼꼼히 막아서 실내를 따뜻하게 유지하는 에너지 절약형 주택을 말한다. 이 접근법은 가정의 난방비를 약 5~10배 절감해 평균적 주택의 연간 난방비를 스크루지급의 25파운드(약 38달러)로 줄인다.[9]

이 정도도 나쁜 건 아니지만 단열에 관한 한 우리는 아직 형편없는 초보자다. 사향소나 양만 봐도 겨울에 열 손실과의 싸움에서 자연이 우리보다 여러 수 위라는 것을 보여준다. 석탄, 천연가스, 석유 같은 화석연료가 우리를 나태한 현실안주형으로 만들었다. 하지만 (부존량 감소, 세계인구 증가, 기후변화에 대한 우려로) 에너지 비용이 상승함에 따라 미래의 난방과 냉방에 대해 정말로 진지하게 고민해야 할 때가 왔다.

컴퓨터가 난로가 되는 이유

컴퓨터에는 가동부(可動部, moving part)가 없다. 컴퓨터는 공장기계나 제트엔진이 아니다. 자전거 브레이크도 전동 드릴도 아니다. 그런데 PC의 냉각팬 근처에 손을 대면 강하고 뜨거운 바람이 느껴진다. 노트북 컴퓨터를 무릎에 몇 분만 올려놔도 허벅지가 익을 정도다. 컴퓨터 내부 온도를 재보면 그런 열기를 내뿜을 법하다. 내 노트북에는 온도계가 내장돼 있는데 90~100℃는 예사로 올라간다. 냉각팬이 노트북에서 유일하게 움직이는 부품이라는 걸 생각할 때 신기한 일이다.

이상하다는 생각이 들지 않는가? 컴퓨터가 하는 일이란 게 숫자를 섞는 것뿐인데 대체 왜 이렇게 달아오르는 걸까? 답은 역시 열역학법칙으로 귀결된다. 일반적인 노트북의 전원장치 정격은 전압 20V, 전류 5A(암페어) 정도다. 초당 최대 100J의 전기에너지가 전원 케이블로 유입된다는 뜻이다. (전기장치의 전력량wattage은 전압voltage에 전류current를 곱한 값이다.) 열역학 제1법칙에 따라 전원 케이블로 흘러드는 모든 에너지는 결국 뭔가로 변해야 한다. 컴퓨터 화면에서 나오는 빛과 스피커에서 나오는 소리를 빼면 사실상 모든 에너지가 열로 변환된다. 컴퓨터에서 초당 100J의 에너지가 열로 방출된다? 이는 (비효율적인 걸로 유명한) 100W 백열등이 발산하는 열과 거의 같다. 컴퓨터가 왜 그렇게 뜨거운지 알 만하다.

이 모든 열은 어떻게 생기는 걸까? 대개는 열차역으로 밀려드는 러시아워의 통근자들처럼 전선으로 버둥대며 진격해오는 전자들의 분투로 인해 발생한다. 다른 말로 전기저항 때문이다. 전선은 전구 필라멘트처럼 작동한다. 즉 전류가 밀려들면 가열된다. 오늘날의 컴퓨터는 수십억 개의 부품으로 이루어져 있고, 그중 대부분이 우표 크기의 칩들 위에 다닥다닥 붙어 있기 때문에 막대하게 발생한 열이 쉽게 빠져나갈 방법이 없다.

컴퓨터는 원래부터 뜨거운 물체였다. 분명히 앞으로도 그럴 것이다. 1940년대에 개발된 반전기식, 반기계식 컴퓨터 하버드 마크 ⅠHarvard

Mark I에는 800km 분량의 전선이 들어차 있었고, 그 전선들이 속속들이 열을 발생시켰다. 이보다 훨씬 정교했던 최초의 전자컴퓨터 에니악의 경우는 토스터 60개만큼의 전기를 태웠다. 1980년대에 크레이Cray사가 만든 C자형 슈퍼컴퓨터는 부품 밀집도가 너무 높아서 자체 냉각장치가 내장돼 있었고, 이 냉각장치가 컴퓨터의 과열을 막기 위해 케이스 밖으로 냉각용 액체를 피처럼 무시무시하게 뿜어냈다.

블로거들은 현대의 컴퓨터는 다르다고 자랑한다. 휴대폰과 태블릿은 아주 적은 양의 전력으로 충전이 가능하고 부품도 훨씬 적기 때문에 의기양양하게 친환경을 내세운다.[10] 사실이지만 오해의 소지가 있다. 첫째, 지금은 컴퓨터가 사방에 널려 있다. 과거에 에니악은 딱 한 대뿐이었지만, 애플만 해도 아이폰을 5억 개 넘게 팔았다.[11] 둘째, 모바일 기기는 아마존, 애플, 페이스북, 구글, IBM, 야후! 같은 거대 인터넷 기업들이 제공하는 이른바 '클라우드 컴퓨팅cloud computing'에 크게 의존한다. (클라우드 컴퓨팅은 유저 각자의 데이터가 인터넷으로 접근 가능한 거대 서버에 저장·처리되는 컴퓨터 환경을 뜻한다. 이 인터넷상의 거대 데이터센터는 구름처럼 세계 어디에나 있고 또 어디에도 없는 무형의 형태로 존재한다.) 국제환경보호단체 그린피스Greenpeace에 의하면, 2005년에서 2010년 사이에 클라우드 컴퓨팅의 전력 소비량이 전체적으로 58%나 증가했다. 만약 클라우드가 국가라면 세계에서 다섯 번째로 전력 소비량이 많은 나라가 되는 셈이기에 이 폭풍 증가세가 더욱 우려스럽다. 클라우드 기업들 중 일부는 재생 가능 에너지를 사용하겠다고 공언했지만 몇몇 기업은 여전히 필요 전력의 절반을 지구에서 가장 더러운 연료인 석탄에서 충당하고 있다.[12]

컴퓨터가 예전에 비할 수 없이 효율적이고 또 점점 더 좋아지고 있는 건 두말하면 잔소리다. 구식 데스크톱 컴퓨터를 최신 노트북 컴퓨터로 바꾸면 에너지 사용량을 50~80% 줄일 수 있다.[13] 하지만 그래봤자 자

축의 여지는 별로 없다. 결국은 우리가 열역학 제1법칙에서 벗어날 방법
이 없기 때문이다. 다시 말해 에너지는 어디선가 와야 한다. 점점 더 많
은 사람들이 더 많은 컴퓨터로 더 많은 일을 하는 추세가 계속되는 한
우리가 치러야 할 대가도 계속 늘어날 수밖에 없다. 어디선가, 언젠가,
누군가가 반드시 치러야 할 대가가.

다이어트의 과학

#칼로리 #연소

이번 장에서 알아볼 것

• 많이 먹지 않는데 왜 살이 찔까?
• 달걀 하나 먹은 만큼 할 수 있는 일이 뭘까?
• 하루 종일 누워만 있어도 왜 배가 고플까?
• 음식보다 연료가 훨씬 저렴한 이유가 뭘까?

'먹는 대로 될지니'라는

옛말이 사실이라면 어째서 우리는 걸어다니는 햄버거와 감자튀김 자루가 아닌 걸까? 답은 우리의 꼬르륵대는 배에 있다. 우리 몸은 먹은 음식을 신진대사 또는 물질대사라고 부르는 복잡하고 난해한 공정을 거쳐 우리 몸으로 만드는, 일종의 거꾸로 돌아가는 식품공장이다. 생물학이나 화학(생화학이 더 정확한 표현이다)처럼 들리지만, 우주만사가 다 그렇듯 인간의 신진대사도 물리법칙의 엄격한 지배를 받는다. 따라서 '먹는 대로 될지니'를 과학적으로 바꾸어 말하면 '먹는 만큼 할 수 있을지니'가 된다. 에너지 보존의 법칙을 일상의 언어로 말하면 그렇다. 좀 더 일상적으로 말하자면 점심으로 먹어치운 바나나와 초콜릿칩은 테니스 30분, 이메일 수십 통, 엄청난 양의 생각, 취침에 해당한다.

우리는 영양을 건강의 관점에서, 즉 생물학적 견지에서 생각하는 경향이 있다. 하지만 소화처럼 영양도 물리학의 영역이다. 우리가 입과 배에 넣는 것이 우리가 앞으로 몇 시간, 며칠, 몇 주 동안 할 수 있거나 할 수 없는 것을 정의한다. 다만 겉보기에는 명백하지 않을 수 있다. 우리 중 가장 마른 사람도 때때로 발생하는 공급 부족에 대비해 체지방을 비교적 넉넉히 보유하고 있기 때문이다. 살이 쪘다? 엄밀히 말해서 그건 너무 많이 먹어서라기보다(얼마만큼 먹는 게 너무 많이 먹는 걸까?) 몸이 먹은 만큼 에너지를 쓰지 못했기 때문이다. 이 경우 물리법칙을 만족시키려면 잉여분에 대해 뭔가 행해져야 한다.

우리가 먹는 것뿐 아니라 먹는 방식도 우리를 규정한다. 일부 학자들에 따르면, 음식을 익혀 먹기 시작한 것이 인류의 뇌 발달과 사유 능력의 진화에 결정적 역할을 했다. 조리는 식료를 영양가와 에너지 흡수율이 훨씬 높은 음식으로 만든다. 조리 방법도 선사시대의 버펄로 모닥불 통구이부터 오늘날 전자레인지용 즉석요리까지 극적으로 진화했다. 헤스턴 블루먼솔Heston Blumenthal 같은 실험적 요리사가 보여주듯 조리에도 음식의 소화와 에너지 전환(축적에너지와 가용에너지) 만큼이나 과학이 많이 관여한다.

식료 vs. 연료

자동차가 연료를 필요로 하듯 인간은 식료를 필요로 한다. 하지만 딱 들어맞는 비유는 아니다. 차들은 성장하지 않고, 수선이 저절로 되지도 않고, 차고에 있을 때는 에너지를 쓰지 않고, 연료를 탱크에 너무 채웠다고 살이 찌지도 않는다. 식료와 연료 모두 태양에너지에서 오지만 전혀 다른 과정을 거친다. 휘발유나 경유 같은 화석연료는 먼 옛날 지구에 살았던 식물과 바다동물의 유해가 엄청난 지질학적 시간(2억 년 이상) 동안 땅속에서 열과 압력을 받아 변형된 것이다. 이에 비해 우리가 점심 때 먹은 토마토는 불과 몇 주 만에 자라고 익었다. 몇 달 전만 해도 토마토에 함유된 에너지(약 35kcal, 150kJ)가 여기서 1억 5,000만 km 떨어진 태양에 있었다.[1] 휘발유도 정확히 같은 곳에서 왔지만 공룡이 지구를 밟은 이래 햇빛을 전혀 보지 못했다.

저장에너지이자 화학에너지이자 잠재에너지인 식료와 연료의 또 다른 극명한 차이는 우리가 그것들을 일에 투입할 기계에너지로 변환하는 방식에 있다. 자동차는 실린더라고 부르는 견고한 금속 '솥'에서 그야말로 에너지를 태운다. 이때 휘발유가 (탄소 함유 물질과 공기 중 산소 사이에서 일어나는) 연소라는 화학반응을 통해 바퀴를 굴리는 힘으로 바뀐다. 물론 우리가 '칼로리를 태운다'는 표현을 쓰지만 사실 식료의 경우 실질적인 연소는 몸 안에서도 밖에서도 일어나지 않는다. 우리가 먹은 음식은 복잡한 소화 과정을 통해 포도당(화학에너지)으로 바뀐다. 위와 간이 몸에 들어온 음식을 즉시 사용 가능한 당분으로 저장했다가 느긋하게 사용할 지방으로 변환한다. 이것이 우리가 평생 네 발로 기어다니며 발밑의 풀을 뜯어먹지 않아도 되는 이유 중 하나다. 우리는 호흡이라는 단어를 숨쉬기의 동의어로 사용하지만, 사실 호흡은 체내에 저장된 연료를 공기에서 들어온 산소를 이용해 다시 가용에너지로 바꾸는 것을 의미한다. 따라서 호흡은 오히려 광합성(식물이 빛에너지를 이용해 이산화탄소와 물로 스스로 양분을 만드는 과정)의 역방향 버전과 비슷하고 자동차에서 일어나는 연소와 유사하다.

먹은 칼로리를 저장해두는 인체의 능력 때문에 입에 들어가는 것과 할 수 있는 것이 즉각 연결되지는 않는다. 우리 몸은 기름이 바닥난 자동차나 배터리가 다 된 시계처럼 그렇게 갑작스런 양분 고갈을 겪지는 않는다. 그렇지만 물리법칙의 지배를 받는 것은 같다. 물리법칙은 자동차가 (비탈길을 내려갈 때 중력의 도움을 받거나 주행 시 바람의 도움을 받을 수는 있어도) 주유한 에너지 이상의 일을 하는 것을 허락하지 않는다. 정확히 같은 이치로, 우리가 할 수 있는 것과 생존 가능 기간

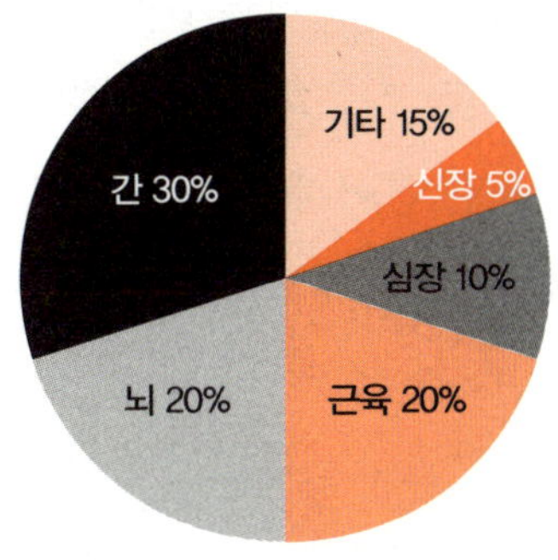

인체의 에너지 사용법 뇌는 몸무게의 2%에 불과하지만 우리 에너지의 거의 5분의 1을 사용한다. 뇌보다 에너지를 더 잡아먹는 데가 간이다. 도표의 수치들은 우리 몸이 휴식을 취하고 있을 때에 해당한다. 격렬한 운동 중일 때는 근육이 전체 에너지의 최대 90%를 사용한다.[2]

에는 절대적인 한계가 있으며, 이 한계는 궁극적으로 우리가 먹는 음식의 에너지 함량으로 결정된다. 우리는 체중 제한을 위해 칼로리를 센다. 하지만 이는 바꿔 생각하면 칼로리가 우리를 센다는 뜻이다. 칼로리가 우리가 하는 일에 제한을 둔다.

칼로리 계산

태운 음식을 좋아하는 사람은 없지만, 태운 음식이 유용한 곳은 한 군데 있다. 식품 포장에 적혀 있는 열량은 해당 식료 약간을 봄베열량계Bombe calorimeter라는 일종의 미세 오븐에

넣고 태워서 측정한다. 이 장치는 금속 용기(봄베)를 수조에 담그고 용기 안의 식품 시료를 태워 이때 발생한 열에 따른 수온 상승분을 측정한다. 이때 1kg의 물을 1°C 덥히는 데 드는 열량을 1kcal로 정의한다. 따라서 수조에 있는 물의 양을 알고, 물의 온도 변화를 측정하면 해당 음식이 얼마나 많은 에너지를 함유하고 있는지 계산할 수 있다. (연소를 통해 음식의 에너지가 모두 물에 흡수됐기 때문이다.)

사람들 대부분 음식이 석유처럼 에너지를 함유한다는 것을 잘 상상하지 못한다. 세 가지 이유로 반직관적이기 때문이다. 첫째, 보기만 해서는 어떤 음식에 얼마만큼의 에너지가 들어 있을지 알 수 없다. 빅맥 하나가 더 셀까, 바나나 다섯 개가 더 셀까? 거의 비슷하다. 둘째, 우리 대부분은 계단 오르기나 테니스 치기 같은 일에 얼마의 에너지가 드는지 잘 모르고, 결과적으로 우리에게 실제로 얼마나 많은 에너지, 다시 말해 얼마나 많은 음식이 필요한지 잘 모른다. 자동차 계기판에는 휘발유가 얼마나 남았는지 딱 알려주는 연료계가 있지만, 우리는 허기나 더부룩함 같은 투박한 지표에 의존해야 한다. 셋째, 우리가 식품에 함유된 에너지양의 측정단위로 친숙하게 사용하는 칼로리 자체가 원래 헷갈리는 단위다. 식품(영양)의 칼로리는 대문자 C로 써야 한다. 이때 1칼로리Cal는 사실 1kcal(1,000cal)다. 칼로리Cal가 비공식적, 일상적 영양 단위라면 킬로칼로리kcal는 엄정하고 과학적인 에너지 단위다. 1kcal는 4,200J 또는 4.2kJ의 에너지와 같다.

아무리 배불리 먹어도

헷갈리는 것이 또 있다. 자동차의 에너지 소비 효율이 비참하게 낮듯(우리가 주입한 연료의 15% 정도만 자동차가 실제로 굴러가는 데 사용된다), 인체도 음식으로 얻은 화학에너지의 잠재를 실현하는 실력이 형편없다. 일반적으로 우리 몸은 20~25%의 기계적 효율을 낸다. 다시 말해 호흡을 통해 100kJ의 에너지가 풀려도 그중에서 근육이 몸을 움직이는 데 사용하는 분량은 그중 겨우 20~25kJ에 불과하다.[3] 그럼 나머지는 어디로 갈까? 무려 60~70%는 우리 몸이 하는 일 없이 공회전하는 데 들어가고 남은 10%는 '간접관리비', 즉 우리가 먹은 음식을 처리하는 데 들어간다. 이쯤 되면 엠파이어스테이트 빌딩의 계단을 오르는 거구의 엔지니어 앤디에게 사과하고 싶어진다. 엠파이어스테이트 빌딩을 걸어 올라간 후에 사실 초콜릿칩 쿠키를 한두 조각 먹어도 할 말이 없다. 실제로 계단을 오를 때 우리 몸은, 중력에 맞서 몸뚱이를 계단 위로 옮기는 데 이론적으로 필요한 최소 에너지양보다 훨씬 많은 에너지를 태운다.

하지만 자동차가 비참하게 낮은 연비에도 어쨌든 연료 탱크 하나로 먼 길을 가듯, 우리의 완벽하지 못한 몸도 우리가 먹은 음식에서 얻는 에너지로 놀라운 양의 일을 한다. 칼로리라는 단위 대신 줄과 킬로줄로 따지면 음식이 좀 더 연료로 느껴진다. 음식 안의 에너지를 우리가 그걸로 할 수 있는 일들에 직접 연결시켜보자. 표 4는 우리가 흔히 먹는 음식들, 킬로칼로리와 킬로줄로 표기한 각각의 에너지 값, 그걸 먹고 (이론적으로) 할 수 있는 일을 보여준다. 예를 들어 빵 한 조각으로 30분 동안 책을 읽을 수 있고(책을 끝내려면 빵을 더 먹어야 한다), 기름진 치즈버거를 한 개 먹으면 한 시간 동안 자유형으로 수영할 수 있다. 예전에 '달걀 하나면 출근이 거뜬하다'는 유명한 광고 문구가 있었다. 회사까지 걸어갈 경우 회사가 집에서 1km 안에 있으면 충분히 가능하다.[4] 지방이 많은 음식이 일반적으로 칼로리도 높다는 점도 알아두면 유용하다. 이는 지방이 단백질이나 탄수화물보다 에너지 밀도가 높다는 통념과도 일맥상통한다.

심지어 자고, 생각하고, 빈둥거리는 것도 에너지를 소비한다. 그것도 놀랄 만큼 많이. 제7장에 나온 사향소 기억나는가? 사향소처럼 겨울잠으로 겨울을 나는 생존방식을 쓰는 동물들이 꽤 있다. 생물은 살아 있는 한 에너지 사용을 멈출 수 없다. 하지만 신진대사를 떨어뜨리는 방법으로 에너지 소비를 크게 줄일 수는 있다.[5] 이것이 겨울잠의 취지다. 에너지 공급이 딸릴 때는(먹을 게 별로 없는 계절에는) 에너지 소비를 줄이는 것. 하지만 사람은 쓰기 힘든 옵션이다. 잠을 자거나 아무것도 하지 않고 앉아 있을 때조차 우리의 이른바 기초대사율(basal metabolic rate, BMR, 생명 유지에 필요한 최소한의 에너지 대사량을 몸의 표면적으로 나눈 값)이 초당 약 80J(80W)에

식품[6]	식품 내 킬로칼로리 (kcal)	식품 내 킬로줄 (kJ)	해당 에너지를 소비하는 일[7]
귤 한 개	35	150	잠자기 30분
빵 한 조각	65	270	독서 30분
작은 참치캔 ½, 또는 달걀 한 개	75	315	빠른 보행 10~15분
젤리빈 10개	100	420	격렬한 에어로빅 15분
볼로네제 스파게티 280g	250	1,050	집안일 45분
스니커즈 초코바 한 개(60g), 또는 아이스크림 한 스쿠프	280	1,200	정원일 1시간
무가당. 뮤즐리 한 그릇(100g), 또는 케이크 한 조각, 또는 초콜릿 밀크셰이크 한 컵	360	1,510	골프 1시간
빅맥 쇠고기 햄버거, 또는 바나나 다섯 개	490	2,060	산악 사이클링 1시간
치즈 스테이크 버거	750	3,150	빠른 수영 1시간

표 4 식품별 에너지 함유량 우리가 흔히 먹는 음식에는 에너지가 얼마나 들어 있고 그 에너지로 무엇을 할 수 있을까? 음식별 에너지가 그걸로 할 수 있는 일을 정리했다.

달한다. 구식 100W짜리 전구와 맞먹는다. 끔찍한 낭비처럼 들리지만 벌새에 비하면 약과다. 벌새의 몸무게 단위당 BMR은 사람의 10배를 넘는다.[8] 벌새가 윙윙대며 날아다니는 것을 보라. 그 바쁜 날갯짓을 감당하려면 종일 에너지가 풍부한 꽃꿀을 빨아먹어도 모자랄 판이다. 작은 동물들은 체온 유지에 드는 높은 대사율 때문에 에너지를 많이 섭취해야 한다. 쥐는 매일 자기 몸무게의 약 12%에 달하는 음식을 먹어치운다.[9] 사람으로 치면 몸무게가 75kg인 사람이 하루 약 9kg의 음식을 먹는 셈이다. 스니커즈 초코바로 치면 하루 140개다.

연료가 비싸다고 여기는 사람도 표 4를 보면 생각이 달라질 수 있다. 휘발유 1ℓ는 약 34.8MJ(34,800kJ)의 에너지를 함유한다. 이 에너지를 식품으로 사려면 비용이 확 올라간다.[10] 휘발유를 패스트푸드와 비교해보자. 일반적으로 햄버거 하나에는 고작 2,000kJ(약 17분의 1)의 에너지가 있을 뿐인데 가격은 휘발유 1ℓ의 최소 세 배다. 심지어 전기도 휘발유보다 두 배 정도 비싸다.[11]

따라서 에너지 함량만 놓고 보면 패스트푸드는 휘발유보다 50배 이상 비싼 셈이다. 그런데 이게 공정한 비교일까? 관건은 내가 어떤 일을 해야 하고, 또 얼마나 빨리 해야 하는지다. 휘발유 1갤런(약 3.8ℓ)이면 자동차가 65km를 너끈히 달린다. 반면 490kcal를 제공하는 패스트푸드 햄버거로는 한 시간 동안 7km를 빠르게 걸을 수 있을 뿐이다. 65km를 여행해야 할 때 휘발유 1갤런이면 충분하다. 같은 거리를 걸어간다면 이론적으로 약 아홉 개의 햄버거가 필요하고, 그 가격은 휘발유 가격의 약 다섯 배나 된다. 하지만 물론 차로 가려면 애초에 차를 장만해야 하고 거기 관련된 부대비용(세금, 보험, 유지비 등)을 치러야 한다.

뚱뚱 vs. 호리호리

이 다이어트가 가고 저 다이어트가 온다. 음식 유행은 거대한 시장을 만든다. 그보다는 칼로리를 세는 고전적인 다이어트 방법이 합당하다. 그 방법은 적어도 탄탄한 과학에 근거하기 때문이다. 우리 몸이 에너지 장부에서 균형을 이루지 못하고 잘못된 종류의 음식을 매일 과잉 섭취하면 그 초과분은 곧장 우리의 허리, 허벅지, 엉덩이로 간다. 세계적으로 비만이 실질적이고 심각한 공중보건 이슈다. 하지만 여기저기 조금씩 지방이 붙어 있는 것이 사실 좋은 일이다. 체내 지방 축적은 진화가 공급이 딸릴 때를 대비해서 만든 방어 메커니즘이다. 순전히 문화적 도착증 때문에 우리는 지방을 탐욕에 대한 생물학적 벌로 여긴다. 하지만 지방은 물리학의 에너지 보존의 법칙의 작용이기도 하다. 에너지는 없어지지 않는다. 어디로든 가야 한다. 마지막 1줄까지도 낱낱이 해명되어야 한다. 한 남자의 뱃살은 다른 남자의 위치에너지다.

살찌지 않고 먹을 수 있는 양은 사람마다 다르다. 이것도 에너지 보존의 법칙이다. 사람마다 대사율이 다르고, 따라서 하루에 쓰는 에너지양이 사람마다 다르다. 성별과 연령대에 따라 에너지 니즈도 달라진다. 19~30세의 활동적인 젊은이들의 에너지 필요량이 가장 크다. 운동선수는 스테이크와 달걀 같은 고칼로리 음식을 닥치는 대로 먹어야 하지만, 사무직 종사자들은 몸으로 하는 일이 적기 때문에 칼로리 필요량이 적다. 주로 앉아서 일하는 30~50세의 하루 에너지 권장량은 남자는 약 2,350kcal, 여자는 약 1,800kcal다. 이보다 훨씬 활동적인 생활을 하는 사람의 경우 이 수치들이 약 25% 증가해서 남녀 각각 2,900kcal와 2,250kcal가 된다.[12] 이에 비해 북극곰은 하루에 약 12,000~16,000kcal를 먹어치운다.[13]

왜 우리는 단백질도 탄수화물도 아닌 지방을 저장할까? 같은 무게일 때 체지방의 에너지 함유율이 두 배이기 때문이다. 즉 체내에 지방 0.5kg을 저장하는 것이 동량의 단백질을 저장하는 것보다 가용 잠재에너지를 두 배 더 확보하게 된다. 세상은 여전히 10억 대의 화석연료 자동차로 굴러간다. 그 이유는 다른 데 있지 않다. 석유 같은 화석연료가 가진 놀라운 에너지 함유율 때문이다. 체지방은 에너지 밀도가 휘발유와 비슷하고, 다른 일상의 에너지원들(석탄, 목재, 천연가스, 배터리)보다 높다.

산업혁명 이후 인류의 에너지 총수요량 변화가 매우 흥미롭다. 18세기와 19세기에 수백만 명의 사람이 자의 반 타의 반 농업노동에서 공장노동으로 대거 이동했다. 공장에서는 사람 대신 석탄을 동력원으로 하는 엔진과 기계들이 연기를 뿜으며 중노동을 소화했기 때문에 공장일이 밭일보다는 육체노동의 강도가 다소 낮았다. 오늘날은 로봇기계들이 철컹대며 힘든 공정을 맡고 사람은 키보드나 두드리며 여분의 부품을 주문한다. 미래에는 그나마 인간이 하던 두뇌노동까지 컴퓨터가 대부분 수행하게 될 거고, 사람은 그저 주변에서 일어나는 일들에 대한 논객(트위터리언?)의 지위로 전락(또는 격상될?)할 것으로 보인다.

인류사 각 단계의 업종별 총 인원과 총 기계수량을, 그리고 그들이 음식과 연료로 소비한 에너지 총량을 계산할 수 있다면, 그걸로 무엇을 알 수 있을까? 사실 불가능한 계산이다. 산업혁명 이전 사람들이 다들 정확히 무슨 일을 했는지, 얼마나 많은 에너지를 썼는지 알 방법이 없다. 궁금하긴 하다. 우리가 과거(인간의 몸과 뇌가 모든 것을 했던 때)보다 현재(몸과 뇌에 들어가는 연료는 줄고 기계에 들어가는 연료는 늘어나는 때)에

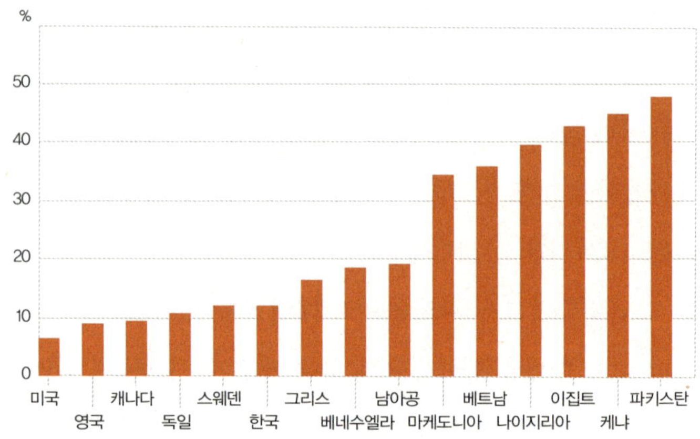

가계 식비 지출 풀을 뜯는 동물과 달리 인간은 필요한 칼로리를 얻기 위해 온종일 먹어댈 필요는 없다. 그렇다 해도 음식이 삶을 지배하는 정도는 사람에 따라 다르다. 미국의 경우 식비 비중이 지출의 6%를 살짝 넘는 수준인 데 비해 파키스탄에서는 그 수치가 50%에 육박한다. 위의 그래프는 2012년 기준 몇몇 나라의 가계 식비 비중을 보여준다. 미국 농무부Department of Agriculture Economic Research Service 집계자료.[14]

더 많은 에너지를 쓰고 있을까? 만약 활동 총량이 대략 비슷하다면, 음식과 연료로 소비되는 에너지 총량도 대략 비슷하지 않을까? 다시 말해 인간 문명의 발전이 과연 우리를 조금이라도 더 효율적으로 만들긴 했을까?

요리사가 너무 많으면?

TV에는 요리 프로그램이 왜 그렇게 많을까? 토막 낸 동식물을 다시 데우는 방법을 끝없이 만들어내는 것보다 더 나은 일은 없을까? 요리에 대한 우리의 집착은 어쩌면 보기보다 더 근본적인 것일지 모른다. 이것이 하버드대학교 인류학자 리처드 랭엄Richard Wrangham이 몇 년 전 그의 저서 《요리 본능: 불, 요리, 그리고 진화Catching Fire: How Cooking Made Us Human》에서 도달한 결론이다.[15] 랭엄의 이론은 매우 독창적이지만 결론은 간단하다. 즉 인간의 진화적 성공은 결국 요리 덕분이었다는 것이다. 인류가 식료를 익혀 먹기 시작하면서부터 에너지를 더 빠르고 효율적으로 확보하게 됐고, 두뇌로 더 많은 에너지를 보내게 됐으며, 덕분에 수렵채집 생활에서 벗어나 더 흥미롭고 생산적인 일들을 많이 하게 됐다. 예를 들면 요리하거나 요리 프로그램을 보는 것.

일리 있다. 우리가 일상적으로 마주하는 (소와 양부터 정원의 새들과 땅벌에 이르기까지) 많은 동물은 하루의 대부분을 먹거나 먹이를 찾는 데 보낸다. 똑같은 일을 내일 또 하기 위해서. 우리 집 창밖으로 보이는 양떼는 걸어다니는 모든 순간을 풀을 뜯는 데 보내지만 나는 하루 세 번 짧게 끼니를 때우면 그뿐, 자유의 몸이 되어 양들을 구경하거나 양들 생각을 하는 것 따위의 다른 중요한 일들을 한다.

조리가 식료에게 하는 일은 두 가지다. 식료의 에너지 밀도를 즉각적으로 높이고(간단한 예로 뜨거운 음료는 차가운 음료보다 몸을 따뜻하게 해주고 체온 유지의 부담을 덜어준다), 식료를 소화하기 쉽게 만들어 신진대사를 돕는다. 랭엄이 말했듯 단백질을 조리하면 단백질 분자의 변성이 일어나 소화하기 쉬워지고 같은 양을 먹어도 더 많은 에너지를 얻는다. 우리가 음식을 꼭꼭 씹도록 진화한 것도 같은 이유다. 물론 씹는 데 에너지가 좀 들어가지만 음식을 더 잘게, 더 소화하기 쉬운 입자들로 부수면 음식에서 더 많은 에너지를 회수할 수 있다.[16]

요리의 과학

요리를 괜히 가정학이라고 부르는 게 아니다. 식료를 먹기 좋게 만드는 화학적·생물학적 비법을 다룬 책들도 많다. 대표적인 것이 해럴드 맥기Harold McGee의 《음식과 요리: 세상 모든 음식에 대한 과학적 지식과 요리의 비결On Food and Cooking: The Science and Lore of the Kitchen》, 로버트 울크Robert Wolke의 《아인슈타인의 키친 사이언스What Einstein Told His

202

Cook》 등이다.[17] 제빵 등에 따르는 기막히게 복잡한 생화학적 변화까지 갈 것도 없다. 요리의 물리적 측면만 들여다봐도 매우 흥미롭다. 요리의 본질은 열역학이다. 즉 조리기구에서 식료로 열을 최대한 빠르고 효율적으로 이동시키는 것이 관건이다. 요리 방법의 차이는 결국 열전달 방법의 차이다.

오븐

선사시대 모닥불의 통돼지 꼬치구이부터 오늘날 팬 오븐에서 후딱 굽는 일요일 디저트까지, 기본 요리법은 수백만 년 동안 거의 달라진 게 없다. 오븐 조리는 열전달의 세 가지 형태, 즉 전도, 대류, 복사를 결합한다. 대류 현상은 전기 막대들의 열을 오븐 내부에 골고루 순환시키고, 전도 현상은 열을 공기에서 음식으로, 베이킹 트레이에서 음식으로 전달한다. (음식이 오븐 안에 노출돼 있는 경우) 열의 일부는 뻘겋게 작열하는 전기 막대들에서 음식으로 직접 복사된다. 팬 오븐의 경우 열풍을 일으켜 대류 현상을 가속하기 때문에 음식이 더 빨리 익는다.

가스레인지

냄비 속 수프는 대류로 데워지지만 냄비 자체는 전도로 뜨거워진다. 냄비는 자기의 열을 처음에는 전도를 통해 수프로 전달한다. 걸쭉한 수프는 아래쪽부터 따뜻해져 팽창하면서 밀도가 낮아진다. 따뜻해진 아래쪽 수프가 위로 올라가 아직 따뜻하지 않은 위쪽 수프를 아래로 밀어내며 대류의 컨베이어 벨트를 작동시킨다. 수프는 따뜻해지면 상승하고 차가워지면 다시 내려와 데워지기를 반복하다가 결국 전체가 팔팔 끓게 된다.

수프를 젓지 않으면 두 가지 일이 일어날 수 있다. 우선 냄비 바닥의 스프 중 일부가 전도 현상 때문에 눌어붙는다. 또한 불꽃과 냄비 바닥과 수프 사이에 단열층이 형성돼 대류 효과를 대폭 줄이거나 아예 막는다. 이것이 아래는 타버리고 위는 차갑고 설익은 수프가 탄생하는 이유다. 더 흥미로운 것은 따로 있다. 냄비 속 대류 현상을 면밀히 관찰해보자. 수프가 부글대며 오르내리는 지점들이 독립적으로 여러 개 발생하는 것을 볼 수 있다. 각각이 데워진 수프의 상승과 식는 수프의 하강이 만드는 작은 수직 컨베이어를 형성한다. 이것을 발견한 과학자들의 이름을 따서 레일리-베나르 대류 세포 Rayleigh-Bénard convection cell라고 한다. 오래된 냄비 바닥에 규칙적인 무늬가 생겼다면 대류 세포 때문일 가능성이 크다. 대류 세포들은 대류를 촉진한다. 내 경험상 센 불에 쌀이나 파스타를 삶을 때 특히 대류 세포들이 잘 보인다.

전자레인지

재래식 오븐의 최대 단점은 음식을 하나 익히려면 먼저 오븐을 용광로처럼 예열해야 한다는 것이다. 이에 비하면 전자레인지는 조리 시간이 무척 짧다. 단파장 고주파인 마이크로파를 이용해 에너지를 음식 내부로 직접 발사하기 때문이다. 다른 장점도 있다. 전자레인지를 사용하면 음식 조리에 앞서 알루미늄 포장부터 가열하는 데 30분을 허비하지 않아도 된다.

전자레인지는 어떻게 작동할까? 마이크로파의 파동에너지가 음식 내부의 물 분분자들의 진동 속도를 높이면 내부 진동은 곧 열이기 때문에 결국 음식이 자기 내부의 열로 익게 된다. 이 때문에 전자레인지를 두고 '안에서 밖으로' 빠르게 조리한다고 말하는데, 사실 정확한 표현은 아니다. 정확히 말하면 전자레인지는 물을 많이 함유한 음식을 적게 함유한 음식보다 빨리 요리한다. 즉 애플파이처럼 겉 재료는 건조하고 속 재료는 물기 많은 음식의 경우는 안에서 밖으로 익는 게 맞다. 고깃덩이처럼 수분 함량이 전체적으로 일정한 식재의 경우는 비교적 고르게 익지만 마이크로파가 어쨌든 표면에 먼저 닿기 때문에 밖에서 안으로 익는 경향이 있다. 고기의 겉이 뜨거워지면 재래식 오븐에서처럼 열이 전도를 통해 고기 속으로 전달된다.

적외선 그릴과 할로겐 레인지

빨간 빛을 내는 그릴과 할로겐 레인지는 주로 복사를 통해 열을 발산한다. 활활 타는 모닥불과 정확히 같은 방식이다. 따라서 음식을 꼭 그릴 위에 놓지 않아도 된다. 그릴이 음식 위에 위치해도 된다. 후자의 경우 그릴이 만드는 열의 상당 부분이 잘못된 방향(상향, 음식에서 멀어지는 방향)으로 퍼져 조리에 기여하지 못하지만 그래도 밑에 있는 돼지갈비나 치즈 토스트를 효과적으로 익힌다. 한편 할로겐 레인지(흔히 '쿡탑'으로 부른다)는 음식을 열보다는 '빛(적외선 복사)'으로 익힌다. 가스레인지처럼 가열 효과가 즉각적이라서 대번에 알 수 있다. 전기레인지와 달리 할로겐 레인지는 불판이 뜨거워져 열을 음식에 전달할 때까지(열전도가 일어날 때까지) 기다릴 필요가 없다. 하지만 할로겐 레인지의 유리 열판도 건드릴 수 없게 뜨거워지기 때문에 얼마간의 전도 현상은 일어난다.

인덕션 레인지

물리적으로 볼 때 인덕션 레인지가 가장 기발한 조리법을 보여준다. 기존 레인지들과 달리 인덕션 레인지는 열을 직접 생성하지 않는다. 대신 전자기장을 만들어 (겉보기에는 보통 냄비와 별로 다를 것 없는) 철제 전용 용기의 '외각' 속에 와상전류eddy currents라는 소용돌이 전류를 만든다. 일반적 전류와

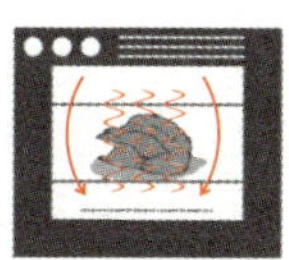 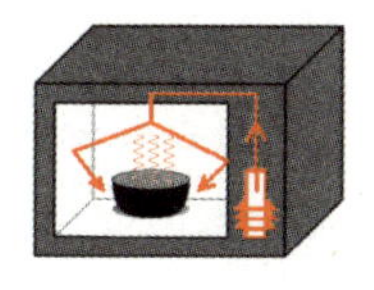 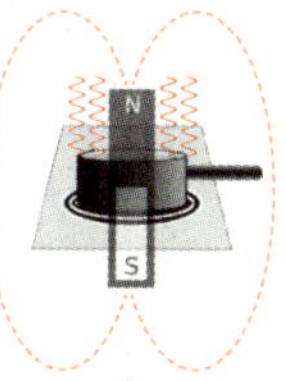

1   2   3

세 가지 요리법 비교 1. 재래식 오븐은 주로 대류 현상으로 작동한다. 2. 전자레인지는 마그네트론magnetron이라는 발진기에서 단파장 전파를 음식 내부로 발사하고, 이로 인해 음식의 물 분자들이 진동하면서 음식이 데워진다. 3. 인덕션 레인지는 눈에 보이지 않는 거대한 자석을 생성해 전용 용기 내부에 소용돌이 전류를 만들고, 용기가 열을 방출해 음식이 조리된다.

달리 와상전류는 갈 곳이나 흐를 곳이 없다. 대신 금속 내부의 결정구조를 맴돌며 열을 발생시켜 에너지를 발산한다. 즉 냄비 자체가 레인지가 된다. 단점은 조리할 때 인덕션 레인지가 생성하는 자기장에 반응하는 철 기반 냄비와 팬만 사용해야 한다는 것이다. 알루미늄 같은 비자성재료의 용기로는 조리가 되지 않는다.

에너지 알약

삼시세끼 챙겨먹는 것이 지겨운 사람은 알약 하나만 꿀꺽 삼키면 온종일 필요한 에너지양이 해결되는 날을 고대할지 모른다.

그런데 그게 과연 실현 가능한 일일까? 흔한 종합비타민 알약은 무게가 1.5g 정도 나간다. 이런 알약에 하루 에너지 필요량(예컨대 2,500kcal)을 담는다 치자. 2,500kcal는 약 10,500kJ(10.5MJ)에 해당한다. 알약 1kg은 약 666개고, 이것이 제공할 에너지양은 10.5×666 =약 7,000MJ에 이른다.

세상 어떤 것이 1kg당 이렇게 많은 에너지를 함유할 수 있을까? 이 수치의 의미를 알려면 여러 물질의 에너지 밀도를 알아야 하는데, 최상위에 수소가 있다. 이런 수소도 1kg당 에너지 밀도가 고작 140MJ에 불과하다. 심지어 휘발유도 50MJ에 그친다. 단위무게당 에너지 함유량이 휘발유보다 100배나 높은 알약이 개발될 가능성은 지금으로서는 전혀 없다.[18]

9장

달리는 페라리에 왜 먼지가 쌓일까?

#기류 #유체역학

이번 장에서 알아볼 것

- 온종일 돌아가는 선풍기에 왜 먼지가 쌓일까?
- 믹서를 계속 흔들어야 하는 이유가 뭘까?
- 차가운 커스터드를 휘저으면 무슨 일이 벌어질까?
- 수도꼭지에서 나오는 물줄기는 왜 점점 가늘어질까?

'먼지가 가라앉으면(사태가
진정되면)'이라는 표현이 있다. 그런데 먼지가 내려앉는 것 외
에 달리 하는 게 있기는 한가? 이쯤에서 궁금해진다. 왜 항상
먼지가 앉을까? 바람이 부는 곳에서도 왜 물건들에 먼지가
앉고 때가 탈까? 자동차도 그렇다. 온종일 바람을 가르고 달
리는데 (심지어 빗속을 달리는 데도) 왜 더러워지는 걸까? 바람
과 비라는 천연 세차 시스템이 꾸준히 가동되는데 어째서 우
리의 소중한 차를 깨끗하고 반짝하게 만들지 못하는 걸까?

흥미롭게도 이에 대한 과학적 설명은 나의 또 다른 불만거
리와 연결된다. 바로 사람들이 너나없이 잘못된 방식으로 차
와 커피를 탄다는 것. '우유 먼저 vs. 차 먼저'의 밀크티 논쟁
을 말하는 게 아니다. 내 불만은 일단 모든 재료가 안전하게
컵에 들어간 다음에 사람들이 음료를 휘젓는 방식이다. 먼지
털이와 홍차 젓기가 뜬금없는 연결이라고 느껴진다면, 이건

어떤가? 풍력발전 터빈, 잘 때 코고는 사람, 믹서에서 잘 갈리지 않는 당근 조각들. 이 모든 것이 유체(액체와 기체)가 세상을 흘러다니는 방식과 관계있다. 다시 말해 모두 정확히 같은 과학 원리로 묶여 있다.

집 먼지를 불지 말자

애초에 먼지가 왜 생기는지의 복잡한 문제는 접어두고, 여기서는 먼지를 어떻게 없앨 것인지에 집중하기로 하자. 잔뜩 먼지 앉은 물건을 마주하면 훅 하고 불고 싶어진다. 그것이 우리의 본능이다. 숨을 깊이 들이마시고 루이 암스트롱Louis Armstrong, 1901~71이 트럼펫을 불 때처럼 두 뺨을 잔뜩 부풀렸다가 세게 훅 분다. 무슨 일이 일어날까? 먼지 중 일부는 사라지지만 상당 부분 그대로 남아 있다. 두 가지 이유가 있다.

첫째, 먼지는 매우 작은 물질이다. 석탄 분진에 장기간 노출된 탓에 진폐증 같은 만성 폐질환을 앓는 광부나 자동차 매연 때문에 천식이 악화되는 아이들 얘기를 들은 적이 있을 것이다. 먼지 입자는 놀랄 만큼 미세하다. 이렇게 해로운 미세먼지 입자들을 PM10으로 지칭한다. 입자의 지름이 $10\mu m$(마이크로미터, 100만분의 1m, 인간의 머리카락 굵기의 약 10분의 1)

이하인 대기오염물질을 뜻한다.[1] 작고 가벼운 물질일수록 정전기의 접착력에 의해 물체 표면에 붙들려 있을 가능성이 높다. 먼지가 들러붙는 건 작고 가볍기 때문이다. 거기다 세상에 넘쳐나는 게 먼지다 보니 켜켜이 쌓인다.

먼지를 입으로 불어도 날아가지 않는 두 번째 이유는 더욱 흥미롭다. 인간이 직립보행을 하느라 좀 놓치는 부분이 있다. 실감해본 적은 없겠지만 키가 큰 사람일수록 바람에 날아갈 가능성이 높다. (효과가 지극히 미미해서 그렇지 어쨌든 사실이다.) 지면에서 멀어질수록 풍속이 증가하는 건 누구나 느낀다.[2] 등산을 하면 확실히 실감난다. 우리가 실감하지 못하는 것은 지면의 풍속이 0이라는 것이다. 이때 지면이라 함은 말

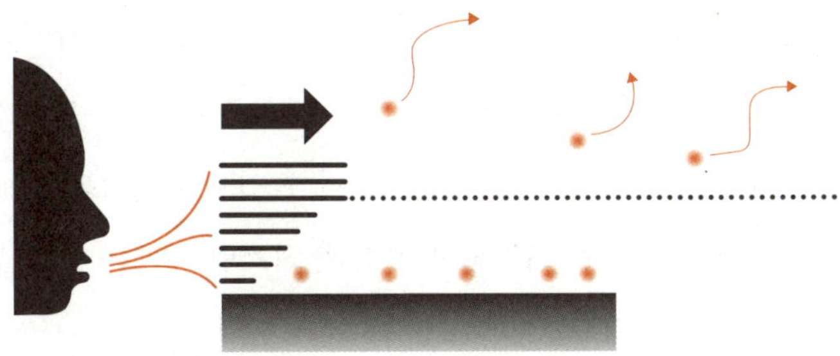

책장의 먼지가 완전히 날아가지 않는 이유 입으로 바람을 불면 선반 위의 공기가 층층이 미끄러진다. 이때 위의 공기층이 아래의 층보다 약간 더 빨리 움직인다. 선반 표면에서 일정 높이(경계층, 그림에서 점선) 이상 올라가면 공기 속도가 일정해진다. 책장 표면에서는 공기가 너무 느리게 움직여 먼지(주황색 점들)를 옮기지 못한다. 표면보다 약간 높은 곳에서는 공기가 그럭저럭 '먼지를 날릴 만큼' 움직인다. 하지만 먼지의 일부는 여전히 남는다.

그대로 지표에서 원자 몇 개 높이 이내를 말한다. 풀잎은 미풍에도 흔들린다. 하지만, 적어도 이론상으로는, 지표에는 어떠한 공기 움직임도 없다. 강풍이나 돌풍이 불 때도 예외는 아니다. 이를 논리적으로 뒤집으면 풍력 터빈이 왜 그렇게 높은지에 대한 이유가 된다. 회전날개의 높이를 두 배로 늘리면 거기서 얻어지는 전력이 약 $\frac{1}{3}$ 늘어난다.[3]

먼지 앉은 책장 앞에 서서 선반과 평행하게 입으로 바람을 불어보자. 입에서 나온 작은 바람은 특정 속도를 갖는다. 이론적으로 선반 바로 위, 즉 선반 표면에서 원자 한 개 정도 떨어진 곳에서는 공기에 전혀 속도가 없지만, 표면에서 멀어질수록 특정 거리에 이르기 전까지 점진적으로 속도가 증가한다. 그 특정 거리를 전문 용어로 경계층boundary layer이라고 한다. 경계층을 넘어서면 속도가 일정하게 유지된다. 선반의 먼지가 날아가지 않는 이유는 먼지가 경계층 저 아래, 공기가 전혀 움직이지 않는 곳에 있기 때문이다. 입으로 바람을 세게 불수록 먼지가 날릴 가능성이 커진다. 하지만 대개는 아무리 불어도 먼지의 일부는 항상 그 자리에 남는다.

냉각팬도 책장의 경우와 같다. 선풍기 날개가 얼마나 더러운지 본 적 있는가? 선풍기 날개는 분당 수백 번씩 공기를 가르는데 왜 그렇게 먼지 더께가 앉는 걸까? 책장이 더러운 이유와 같다. 날개 바로 옆의 공기는 요지부동이기 때문이다.

공기 움직임이 없을 뿐 아니라 공기와 플라스틱 사이의 끝없는 마찰로 정전기가 발생해 먼지가 더욱 달라붙는다. 책장과 선풍기의 경우가 자동차에도 똑같이 해당된다. 자동차가 공기를 가르며 달릴 때나 책장 선반이 입바람을 맞을 때나 공기 흐름의 양상은 같다. 자동차가 아무리 질주하고 그에 따라 바람이 아무리 빠르게 일어도 금속 차체 표면의 공기 속도는 그냥, 완전히, 제로다. 차에 먼지와 죽은 파리가 들러붙어 있는 건 그래서다. 경계층 아래의 먼지들은 물에 적신 스펀지로 박박 닦기 전까지는 없어지지 않는다.

흐름에 올라타기

물과 공기는 매우 이질적으로 보이지만 속도 있게 움직일 때는 같은 과학의 지배를 받는다. 일단 과학에서는 액체와 기체를 합쳐 유체라고 부른다. 고체와 달리 흐르기 때문이다. 유체의 움직임을 연구하는 학문은 자연히 유체역학fluid dynamics이다. 공기역학은 유체역학의 한 갈래로, 공기의 움직임을 다룬다는 뜻인데, 실제로는 차량 주행 시 공기저항을 최소화하는 방법을 주로 연구한다. 공기 같은 유체의 흥미로운 점은 두 가지 중 한 가지 방식으로 흐른다는 것이다. '매끄럽게' 또는 '거칠게.'

매끄러운 흐름

페라리를 몰고 고속도로를 질주하면 미끈하게 빠진 차체의 표면을 타고
공기가 미끄러지듯 흐른다. 이처럼 공기가 물체 표면의 저항을 받지 않
고 쉽게 흐르도록 간소화한 형상을 유선형streamline이라고 한다. 우리가
어떤 자동차를 가리켜 '유선형'이라고 한다면 그건 차체가 교묘한 곡선
을 이루고 있어서 다가오는 공기를 헝클지 않고 잘 빠져나간다는 뜻이
다. 공기역학적으로 이상적인 자동차는 전진할 때 공기흐름을 방해하지
않아서 차량 후방에 발생하는 공기흐름이 차량 전방의 공기와 많이 다르
지 않다. 즉 공기가 방해를 적게 받아 흐트러짐 없이 평행선들처럼 미끄
러진다. 이것을 층흐름laminar flow이라고 한다.

유선형 차량 주변 공기의 층흐름 그림은 공기역학적으로 설계된 자동차 주변의
공기흐름을 보여준다. 평행하게 흐르던 공기층들이 자동차와 만나 자리를 내주
며 위로 몰리지만 경계층 너머의 공기흐름은 흐트러지지 않는다. 자동차 설계
가 아무리 주도면밀해도 공기흐름은 어느 정도 방해받기 마련이고, 따라서 차
량 후방 바닥에 소용돌이 난기류가 발생한다.

한편 스포츠카는 지나가는 공기흐름을 영리하게 바꾸는 방법으로 핸
들링을 강화한다. 이때 많이 사용하는 것이 에어댐air dam과 스포일러
spoiler다. 에어댐은 앞 범퍼 하단에 부착한 일종의 공기 '국자'다. 공기가
자동차 밑으로 들어오는 것을 줄여 접지력을 높인다. 반대로 자동차 꽁

무니에 소형 날개처럼 장착하는 스포일러는 뒤로 빠지는 난기류를 반듯하게 펴준다. 이런 장치들로 무장한 포뮬러 1 경주용 자동차는 굉음을 토하며 무시무시한 속도로 코너를 돌 때 차체를 트랙에서 뜨지 않게 눌러주는 다운포스down force를 만들어낸다. 속도가 240km/h를 넘으면 다운포스가 차체 무게의 두 배에 달한다. 좀 과장해서 말하면 천장에 거꾸로 매달려 달릴 수도 있을 정도다. 하지만 스포일러 같은 장치는 공기저항을 늘리고 속도를 줄인다는 단점이 있다. 공기역학에서 꿩도 먹고 알도 먹기는 어렵다. 다만 가변 스포일러variable spoiler의 경우 운행 중에 길이나 기울기 각도를 조정해 필요에 따라 다운포스를 높이거나 공기저항을 낮출 수 있다.

매끈한 층흐름이 자동차만의 얘기는 아니다. 심지어 공기에만 해당되는 것도 아니다. 층흐름을 목격하기 가장 좋은 장소 중 하나는 완만하게 경사진 해변이다. 파도가 해변으로 밀려왔다가 다시 쓸려 내려갈 때 바닷물이 여러 층으로 박리돼 서로를 훑으며 미끄러지는 것을 볼 수 있다. 모랫바닥에 가장 가까운 층이 해변에서 바다로 느리게 내려가고, 바로 위의 한두 층은 꽤 빠르게 반대 방향으로 미끄러져 올라간다. 전형적인 층흐름이다. 물의 층층이 마치 윤활유를 바른 유리판들처럼, 상호작용이나 혼합의 징후 없이 서로를 깔끔하게 미끄러져 지나간다. 느리게 흐르는 강도 층흐름을 보여준다. 물의 움직임이 거의 또는 전혀 없는 강바닥부터 물의 흐름이 가장 빠른 수면까지 유속이 점진적으로 증가한다.

거친 흐름

물론 물과 공기가 항상 매끈하게 흐르지는 않는다. 모든 자동차의 앞면이 공기층을 파고들기 좋게 완만히 경사진 유선형은 아니다. 전방이 절벽처럼 솟아오른 트럭을 생각해보자. 트럭 앞면이 공기와 정면으로 충돌해서 평행하게 흐르던 공기층들의 일부를 막거나 늦춘다. 반대로 트럭 영향권 밖의 공기층들은 곧장 쌩 지나간다. 그 결과 공기층들이 마구 뒤섞여 소용돌이 공기가 생긴다. 이것을 난기류turbulence라고 한다. 난기류는 무질서하게 엉켜 있어서 그걸 뚫고 통과하려는 물체에 엄청난 저항을 만들어낸다. 난기류는 트럭에서 에너지를 얻고 이 때문에 트럭의 속도가 느려진다. 공기저항이 하는 일은 에너지를 훔치는 것이다.

실력 있는 수영선수는 자유형으로 수영할 때 몸을 최대한 길고 납작하게 만들어서 물에 맞서는 것을 최소화한다. 머리가 너무 높고 등이 평평하지 않으면 선수 주변의 물에 난류가 일어나 선수의 속도를 늦추고 선수의 에너지를 빼앗아 쉽게 지치게 한다. 야외 수영은 실내 수영보다 힘이 훨씬 많이 든다. 해류와 바람과 파도가 유체의 흐름을 교란하기 때문이다. 내 경험상 야외에서, 특히 거친 바다에서 수영할 때는 수영 자세 따위는 중요하지 않다.[4]

박스형 트럭 주위에 형성되는 난기류 공기는 트럭을 피해가기 위해 최선을 다한다. 하지만 일부는 트럭의 사각형 앞면과 충돌해 바로 튕겨나가고, 방해받은 각각의 공기층은 주변의 다른 층들까지 헝클어 상당한 난류 혼합turbulent mixing을 야기한다. 고요하던 공기를 이렇게 교란하려면 에너지가 필요하다. 그리고 공기가 더 많이 교란될수록 트럭이 난기류와 싸우는 데 더 많은 에너지를 낭비하게 된다. 하지만 불가피한 건 아니다. 대형 트럭 지붕 위에 공기역학적 페어링을 장착하면 (차량의 무게는 늘어나겠지만) 전속력으로 주행 시 공기저항을 약 4분의 1 줄일 수 있다. 트레일러 트럭의 경우 바퀴 앞에 페어링을 장착하면 연료 소비가 추가로 10% 감소한다.[5]

난기류 활용법

유체가 층흐름이나 소용돌이흐름으로 (또는 두 가지가 섞여서) 움직인다는 사실은 만물의 거동을 이해하는 데 중요하다. 먼지 앉은 책장으로 돌아가보자. 책장 선반을 훅 불면 공기의 층흐름이 일어난다. 잔잔하게 흐르는 강에서 보는 현상과 매우 비슷하다. 각각의 공기층이 바로 아래의 층보다 조금씩 더 빠르게 미끄러지고, 맨 아래 공기층(선반 표면 바로 위의 공기층)은 거의 움직이지 않는다. 따라서 입으로 불어서 책장 먼지를 털려면 이론상 공기를 헝클고 뒤섞는 게 더 유리하다. 어떻게? 공기를 빨아들였다 불기를 반복하고, 다양한 방향에서 불고, 빨대로 부는 등 선반 표면의 공기를 교란할 방법을 동원하면 될까? 사실 먼지와 책장이 서로 달라붙고 끌어당기는 힘을 상대하려면 입으로 불기보다는 솔이나 걸레를 이용하는 게 훨씬 효과적이다.

아무리 저어봐도

층흐름과 소용돌이흐름의 실체를 알았다면, 차나 커피를 휘젓는 것은 금물이라는 감이 왔을 것이다. 이때 휘젓기란 액체(차, 커피, 페인트, 소스 등) 속에 뭔가를 꽂아서 빙빙 돌리는 것을 말한다. 그렇게 하면 빙글빙글 도는 층흐름만 생기고 어떤 혼합 작용도 일어나지 않는다.

뉴멕시코대학교의 존 드모스John DeMoss와 케빈 카힐Kevin Cahill이 이를 실연해 보였다. 투명한 원통형 용기에 끈적한 옥수수 시럽을 채우고, 식용 염료 세 방울을 용기의 각기 다른 높이와 위치에 주입한다. 휘젓개를 몇 번 돌리자 시럽 속 염료 방울들이 퍼져 완벽한 수평 줄무늬가 생긴다. 좋다. 염료가 액체와 섞였다. 그런데 과연 그럴까? 이번에는 휘젓개를 반대 방향으로 정확히 같은 횟수만큼 돌린다. 그러자 아까의 과정이 반전된다. 마법처럼, 염료가 액체에서 분리돼 원래의 세 방울로 돌아간다.

이 믿을 수 없는 실연은 완벽한 층흐름은 어떠한 혼합 작용도 하지 않음을 증명한다. 심지어 유체가 뱅뱅 돌아도 혼합이 일어나지 않는다. 그래서 완벽한 원상복귀가 가능하다. 차나 커피를 저을 때 우리가 정말로 하는 거라고는 유체를 수평으로 빙빙 돌리는 것뿐이다. 그보다는 사납게 마구 젓는 게 목적 달성에 훨씬 효과적이다. 예를 들어 한 방향으로 젓다가 갑자기 반대 방향으로 젓기를 반복하는 거다. 나로 말하자면 난폭하게 젓는 게 생활화돼서 음료의 반은 늘 밖으로 쏟아진다. (손님들은 내게 왜 차를 반만 주냐고 욕한다.)

티백 대신 옛날식으로 찻잎을 우려 마시는 사람도 신기한 과학의 세계를 접한다. 차를 맹렬히 저으면 찻잎이 가장자리로 퍼져 빙빙 돌 것 같은데 그러지 않고 반대로 컵 바닥 가운데로 모인다. 처음에는 찻잎이 바깥쪽으로 움직이지만 젓기를 멈추면 회전하는 찻물, 컵 바닥, 컵 벽 사이의 마찰이 액체의 움직임을 둔화한다. 이때 이중 소용돌이가 일어나 유체를 컵의 바깥쪽에서 안쪽으로 감아 들이며 찻잎을 컵 가운데로 모은다. 거기서 찻잎은 자기 무게 때문에 가라앉고, 액체가 주위를 휘돌아도 자리를 뜨지 않는다. 이와 같이 알아도 별볼일 없는 주방의 과학을 누가 밝혀냈을까? 다름 아닌 우리의 친구 아인슈타인이다.[6]

커스터드 대혼란

한번 커피는 영원한 커피다. 남들 방식(층흐름)으로 젓든 내 방식(소용돌이 흐름)으로 젓든 결과물은 크게 다르지 않다. 이렇게 단순한 방식으로 작용하는 유체를 일컬어 뉴턴 유체Newtonian fluid라고 한다. 17세기에 뉴턴이 닦아놓은 물리학의 길을 똑바로 따르기 때문이다.

하지만 모든 액체가 이렇게 움직이는 건 아니다. 나는 그것을 열두 살 무렵의 어느 날 체험으로 알았다. 학교에서 ('가정학家政學' 또는 '가정'으로 부르던 수업시간에) 생전 처음 커스터드를 만드는 법을 배울 때였다. 젓는 것을 소홀히 한 탓에 커스터드가 냄비 바닥에 좀 눌어붙었다. 나는 식으라고 놔뒀다가 수업이 끝날 때까지 깜빡했다. 생각이 났을 때는 손써볼 시간이 없었다. 망쳐버린 커스터드를 집에 가져가기 싫었던 나는 그냥 실습실 싱크대에 부어버리기로 작정했다. 끔찍한 실수였다! 내가 휘젓자 차가운 커스터드가 질척대고 찐득대는 게 아닌가. 처음에는 냄비 속에서 꽤 유동성을 보였던 노란색 액체가 금세 극적으로 걸쭉해지기 시작했다. 안 돼! 나는 놀라서 더 급히 휘저었다. 하지만 사태만 악화될 뿐이었다. 그 망할 것은 점점 더 질어져서 결국 단단한 고무 덩어리들로 변했고, 나는 나무숟가락으로 한번에 조금씩 배수구에 쑤셔넣을 수밖에 없었다.

왜 그런 일이 일어났는지 아는 데는 다시 10년이 걸렸다. 이번에는 과학수업에서였다. (물과 차를 포함한) 대개의 액체는 뉴턴 유체이지만 다른 일부는 이른바 비(非)뉴턴 유체다. 그냥 맴돌기만 하는 홍차와 달리 비뉴턴 유체는 힘을 가하면 내부 분자구조에 따라 둘 중 하나가 된다. 점성이 높아져 더 끈끈해지거나(전단농화유체shear-thickening fluid), 반대로 점성이 낮아져 더 묽어진다(전단박화유체shear-thinning fluid). 커스터드(와 옥수수가루가 들어간 모든 것)는 전단농화유체다. 반면 혈액, 페이스크림, 치약, 가래, 케첩 등은 전단박화유체다. 우리는 케첩을 냉장고에서 꺼내서 일단 흔든다. 그래야 케첩이 일시적으로 묽어져서 따르기 쉬워진다. 이를 물리학 용어로 전단력shearing force을 적용한다고 한다. 전단력은 물질을 이룬 층층들이 서로 반대 방향으로 평행으로 작용하는 힘을 말한다. 이 힘의 작용으로 층층 사이에 미끄럼 현상이 일어난다. 치약도 같은 방식으로 작용한다. 치약은 튜브에서 짜낼 때는 굵고 게으른 벌레처럼 기어나오지만 양치질을 시작하고 1~2초 만에 마법처럼 미끄럽고 묽은 액체로 변한다. 이런 전단박화유체는 전단농화유체에 비해 애먹이는 일이 적다. 예를 들어 기침은 폐에 있는 가래에 압력을 가해 묽은 액체로 만든다. 그래야 입 밖으로 뱉어내기 쉬워진다. 역겹지만 과학적으로 사실이다.

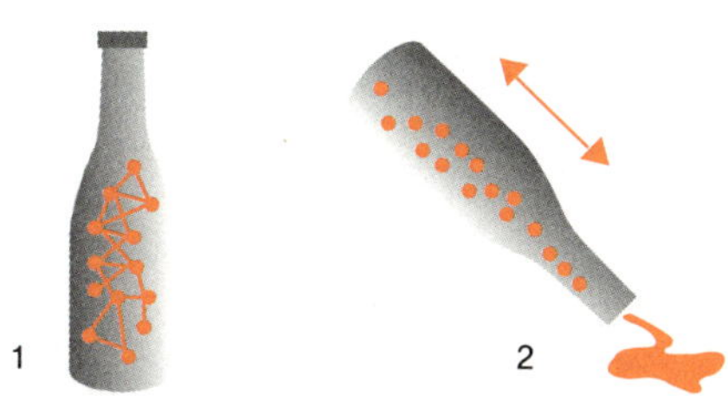

케첩: 전단박화유체이자 비뉴턴 액체 1. 케첩은 방치하면 케첩 안의 으깬 토마토 섬유가 서로 들러붙고 뭉쳐서 일종의 반(半)강성 비계scaffold를 형성한다. 이런 상태의 케첩은 쉽게 흐르지 않는다. 2. 케첩병을 흔들어서 비계를 부수면 케첩이 다시 매끄럽게 흐른다.

믹서를 흔들어야 하는 이유

주방의 믹서 안에서도 층흐름과 소용돌이흐름이 열심히 작용한다. 믹서는 무서울 정도로 강력한 기계다. 채소를 잘게 쪼개 순식간에 퓌레나 죽처럼 만들어준다. 우리 집 핸드믹서는 700W짜리 전기모터로 돌아간다. 860W인 세탁기의 모터와 별반 다르지 않다. 700W가 어떤 힘인지 감이 오지 않는가? 700W는 우리가 핸드크랭크를 죽어라 돌려서 생기는 힘의 무려 70배에 달하는 힘이다. 그런데 믹서가 본연의 기능인 썰기를 완강히 거부할 때가 있다. 믹서의 본분대로 내용물을 갈아버리는 대신 뭉텅이를 빙빙 돌리기만 한다. 왜 그럴까? 믹서가 돌기 시작하면 믹서 안의 액체도 같은 속도로 회전한다. 이 경우 믹서가 하는 일이란 액체를 저어서 끝없이 층흐름을 만들어내는 것뿐이다. 믹서로 재료를 신속하고 효과적으로 갈고 싶다면 모터에 펄스를 주는 게 좋다. 그렇게 진동을 가하면 보다 격동적이고 혼란스런 흐름이 형성돼 고집스런 당근 조각들도 믹서 벽을 때리며 왱왱 도는 대신 믹서 날로 떨어져 곱게 갈리게 된다.

극도의 조심성과 신중함을 전제한다면, 핸드믹서로 간단한 유체역학 실험이 가능하다. 길쭉한 유리 저그나 투명 플라스틱 비커에 물을 반쯤 채우고 핸드믹서로 저어보자. (다시 말하지만 이 실험을 할 때는 매우 조심해야 한다. 믹서는 굉장히 위험한 기계라는 것을 명심하자.) 핸드믹서를 천천히 들어올린 후 모터 펄스를 켰다 껐다 하면서 물에 무슨 일이 일어나는지 보자. 놀라운 소용돌이흐름과 거대한 기포들이 생겨나 빙빙 돌다가 소멸한다. 초강력 믹서의 경우 물을 흡입하는 상향 임펠러 효과로 물이 든 무거운 비커가 위로 들리기까지 한다. 그 경우 핸드믹서를 돌리다가 아주 천천히 꺼내면 비커가 따라 올라오는 마법 같은 일이 생긴다.

가늘어지는 물줄기

수도꼭지에서 흐르는 물을 자세히 본 적이 있는가? 꼭지를 돌리면 물이 쏟아진다. 꼭지를 서서히 잠그면 물줄기가 줄어든다. 이때 수도꼭지에서 떨어지는 물줄기는 위쪽이 아래쪽보다 넓다. 왜 그럴까? 물을 더 작은 공간에 욱여넣는 것이 불가능하기 때문이다. 즉 1초 동안 수도꼭지를 떠난 물의 양과 싱크대 바닥에 도달하는 물의 양은 정확히 같다. 그런데 중력 때문에 떨어지는 물에 가속도가 붙는다. 다시 말해 물줄기의 끝 지점이 시작 지점보다 유속이 높고, 따라서 계산이 맞으려면 물줄기의 끝 부분이 시작 부분보다 가늘어야 한다. 그렇지 않으면 수도꼭지를 떠난 물보다 싱크대 바닥에 도달하는 물이 많다는 건데, 그런 일은 있을 수 없다. 이를 연속 방정식 equation of continuity이라고 한다. 유체역학 버전의 질량 보존의 법칙이다. 주어진 시간에 흐르는 물의 양은 어느 지점에서나 동일하다는 뜻이다.

흐르는 수돗물의 연속성 물줄기 밑부분이 윗부분보다 유속이 높다. 이 때문에 물줄기가 내려갈수록 가늘어진다. 만약 물줄기 굵기가 일정하다면 그건 수도꼭지를 떠난 물보다 바닥에 도착한 물의 양이 많다는 뜻인데, 그런 일은 일어날 수 없다.

같은 이치로 액체나 기체가 갑자기 좁은 공간을 통과하려면 속도를 높여야 한다. 주사기 끝을 천천히 누르면 주삿바늘에서 가느다란 물줄기가 팍 솟구친다. 주사기에 호스를 연결하면 고출력 물줄기를 계속 뿜어낼 수 있다. 이것이 (전동 펌프나 휘발유 펌프로 물을 뿜어내는) 고압세척기의 작동 방식이다. 주사기와 고압세척기는 난데없이 센 물을 창조하는 기계가 아니다. 같은 양의 물이 굵은 끝으로 들어와 가는 끝으로 분출되는 것뿐이다. 좁은 구멍으로 빠져나가려면 물이 속도를 높일 수밖에 없다. 그래야 들어오는 양과 나가는 양이 같아지니까. 골목길에서 또는 고층건물이 양옆으로 늘어선 거리에서 바람이 휘몰아치는 이유도 이와 다르지 않다. 길이 주사기 역할을 한 것이다. 공기는 좁은 통로를 통과할 때 속도가 확 붙는다. 이 원리를 무시한 건축가들이 낭패를 보기도 한다. 와류(vortex, 물·공기 등 유체 속에서 팽이처럼 회전하는 부분)는 건물을 싸고 돌 뿐 아니라 심할 경우 보행자들을 날려버릴 수도 있다.

연속 방정식은 '깊은 물일수록 조용히 흐른다'라는 속담의 물리학적 근거다. 유속이 높고 얕은 강은 갑자기 깊은 수로로 접어들면 초당 유량을 동일하게 유지하기 위해 속도를 줄인다. 강의 깊이는 두 배가 됐는데 강폭은 그대로라면 물의 양이 사실상 두 배가 된다. 이 경우 유속이 반으로 준다. 만약 강이 깊어졌는데도 유속이 그대로라면 강이 없던 물을 창조해내고 있다고밖에 볼 수 없다.

코골이의 과학

지금까지 살펴봤듯, 공기와 물 같은 유체는 에너지 보존의 법칙이라는 우주의 황금률을 따른다. 유체의 속도가 높으면 운동에너지가 많다. 하지만 없는 에너지를 창조할 수는 없다. 유체의 이동속도가 높아져 에너지를 얻기 시작한다면 그걸 보상하기 위해 다른 곳에서는 에너지를 잃어야 한다. 그래서 유체의 압력이 감소한다. 물리학에서는 이 현상을 벤투리 효과Venturi Effect라고 한다. 영문을 몰라 신기했던 유체 현상이 이걸로 설명된다. 예를 들어 두 척의 바지선이 같은 속도로 나란히 운하를 떠간다. 계속 사이좋게 갈 수 있을까? 두 배는 서로 쿵 부딪히게 돼 있다. 두 배 사이를 통과하는 물이 속도를 올리는 동시에 압력을 포기해 배들을 한데 끌어당기기 때문이다.

다음번 신기한 현상은 코골이다. 잠을 잘 때 공기가 인두(비강과 후두 사이에 있는 공기가 지나는 통로)를 통과하면서 속도가 붙고 압력은 떨어진다. 이 때문에 기도가 닫혔다 열렸다 하고, 이 펄럭임이 코고는 소리라는 고약한 소음을 야기한다.[7] 그럼 왜 누구는 코를 골고 누구는 골지 않을까? 슬로베니아의 이비인후과 의사 이고르 파지가Igor Fajdiga 박사가 코를 심하게 고는 사람, 보통으로 고는 사람, 전혀 골지 않는 사람 40명을 검사한 후, 코를 고는 사람이 골지 않는 사람보다 숨을 들이마실 때 인두가 더 좁아지는 것을 발견했다. 수면 중에 인두가 좁아지고 펄럭일수록 코고는 소리가 심해진다.[8]

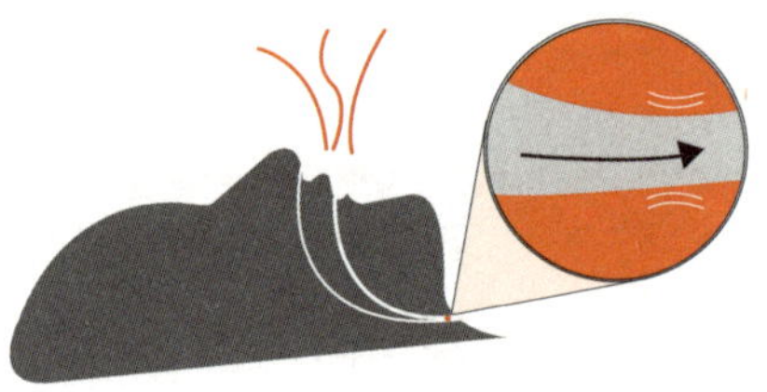

코골이 과학 공기가 좁은 인두를 통과하면서 가속한다. 이 때문에 기도가 진동하고 펄럭이면서 우리가 코골이라고 부르는 소리를 유발한다.

유체역학은 어디에나 있다

수도꼭지와 호스와 홍차 젓기에 신경 쓰는 사람은 없다. 책장에 먼지가 좀 쌓여도 세상이 멈추지는 않는다. 심지어 믹서의 성능이 좋지 않아도 채소는 결국 갈린다. 하지만 하나도 중요해 보이지 않는 현상 속에 삶과 생명을 유지하는 중요한 이치가 흐른다.

자동차나 자전거로 출근하는 사람에게 공기역학은 삶을 수월하게도 고달프게도 한다. 돈(휘발유)을 더 축내기도 하고, (좋은 사이클링 자세와 유선형 헬멧을 갖춘다면) 직장까지 더 적은 힘으로 더 빠르게 데려다주기도 한다. 집을 돌리는 동력도 마찬가지다. 전선을 흐르는 전기도, 파이프를 지나는 가스와 물도 모두 유체역학의 법칙에 따른다. 우리 체내에서도 유체역학이 우리의 건강을 지킨다. 강물이 좁은 강둑 사이를 후딱 지나는 것과 같은 이치로 혈액도 동맥과 정맥을 힘차게 차며 흐른다. 좁은 기도를 지나 폐를 채우는 공기도 마찬가지다. 먼지를 털고 홍차를 젓는 일상 속에도 유체역학이 시퍼렇게 살아 있다. 유체가 우리의 삶의 동력원이고, 과학이 그 이유를 말해준다.

*미주

다음은 본문에 위첨자 숫자로 표시한 부분에 대한 주와 참고문헌이다. 지면의 제약으로 참고문헌(웹페이지 포함)을 모두 명기하지 못했다. 전체 참조 목록은 내 웹사이트 www.chriswoodford.com/atoms.html 에 있다.

들어가는 글

1. 아인슈타인의 생애에 관한 내용은 다음의 전기를 참고했다. Isaacson, W.(2007), *Einstein: His Life and Universe*(Simon & Schuster, New York). 고등학교 중퇴는 23쪽, 공대 낙방은 25쪽, 취업에 고전한 내용은 58~65쪽에 있다.
2. 여기 인용한 여론조사 통계는 미국과 영국 양국의 자료이다.

1. 고층빌딩이 안전한 이유

1. The Official Site of the Empire State Building(검색일: 2013년 10월 29일). 34만 톤=3억 4,000만 kg. 이는 몸무게 75kg인 사람 450만 명에 해당하는 무게다. 위키피디아에 따르면, 2011년 콜카타의 인구는 대략 450만 명이었다.
2. 더 정확히는 412,500파스칼(Pa).
3. 대략 400만 파스칼(Pa).
4. Hayes, L. et al.(1956), The Latest from Paris: An All-Plastic House. *Popular Mechanics*, 1956년 8월, p. 89.

5. Hay, D. What Does a House Weigh? Some Mental Heavy Lifting. *Seattle Times*, 2004년 12월 19일자.

6. 애초에 물체가 움직이는 이유가 작용과 반작용의 영향이다. 예를 들어 총을 발사할 때, 작용은 하늘로 튕겨나간 총알의 발진이고, 반작용은 반대 방향으로 확 밀리는 총의 반동이다. 작용이 총알을 움직이게 하고, 반작용이 총을 움직이게 한다.

7. 일반적으로 건축자재에 적용하는 지표로 영률Young's modulus이 있다. 재료의 탄력 정도를 나타낸다. 영률은 재료가 받는 압박(단위면적당 적용하는 힘)을 그 압박이 야기한 변형(재료가 원래 길이에 비해 얼마나 늘어나는가)으로 나눈 값이다. 나는 바닥 면적의 약 10분의 1이 고강도 콘크리트인 오피스빌딩이 있고, 빌딩 안 사람들이 모두 옥상에 서서 빌딩 전체를 고루 압박하는 상황을 가정했다. 실제로는 건물 바닥이 꼭대기보다 더 압박을 받는다.

8. How Tall Can a Lego Tower Get? BBC News, 2012년 12월 4일.

9. Kunreuther, H. et al.(2013), Overcoming Decision Biases to Reduce Losses from Natural Catastrophes. in Shafir, E.(ed.), *The Behavioral Foundations of Public Policy*(Princeton University Press, Princeton), p. 405.

10. 자세한 내용은 다음 자료를 참조하기 바란다. Cool Formula for Calculating Skyscraper Sway, Maths Pig Blog, 2011년 3월 21일, mathspig.wordpress.com/. Building stiffness and flexibility: earthquake engineering, *Architect Javed*, 2011년 10월 16일, at articles.architectjaved.com/.

11. Levy, M. & Salvadori, M.(2002), *Why Buildings Fall Down: How Structures Fail*(W. W. Norton, New York).

12. 타이페이 101 관련은 About Observatory: Servicing Facilities. Taipei 101(검색일: 2013년 10월 29일) 참조.

2. 살이 찔수록 왜 계단이 싫어질까?

1. 따귀 맞아 빨개진 뺨은 운동에너지(움직이는 손)가 빛, 열, 소리에너지로 바뀐 것이고, 비둘기의 '박수'는 체내에 저장된 화학에너지(먹이)가 순식간에 운동에너지(퍼덕거림)로 변한 것이며, 거품을 내며 녹는 알약은 화학에너지가 소리(와 약간의 열)로 변하는 것을 보여주며, 화재경보기의 점멸은 배터리의 전기에너지가 빛으로 변한 것이다. 거미줄에 걸린 파리는 화학에너지(소화된 먹이)로 전환될 예정이고, 팽팽한 거미줄은 탄성위치(잠재)에너지의 좋은 예다.

2. 잠재에너지 = 30kg × 10m/s/s × 400m = 120,000kJ. 밥은 260kJ을 사용하고 앤디는 380kJ을 사용한다. 이는 순전히 특정 질량을 일정 거리만큼 위로 옮기는 것에 기초한 계산이다. 신발을 바닥에 질질 끌며 걷거나(마찰 손실), 밑에 있는 사람들에게 손을 흔들거나(역학에너지), 흥겹게 휘파람을 부는(소리로 에너지 손실) 등, 이동 과정에 발생하는 다른 형태의 에너지 소비는 고려하지 않는다.

3. 앤디의 몸무게가 95kg이라면 빌딩 꼭대기까지 올라가는 데 적어도 95kg × 10m/s/s × 400m = 380,000kJ이 필요하며, 이는 90kcal에 해당한다. 그런데 상황이 그렇게 단순하지 않다. 앤디가 먹는 쿠키는 100% 잠재에너지로 전환되지 않는다. 노스캐롤라이나대학교 채플힐 의대 앤서니 비에라Anthony Viera 박사는 식품 영양성분표에 칼로리뿐 아니라 그것을 태워 없애려면 몇 분을 걸어야 하는지도 명시하자는 의견을 냈다. 이와 관련해 다음 자료를 참조하기 바란다. Fast-food Consumers May Eat Less if Label Describe How Long it Takes to Walk off Calories, UNC Gillings School of Global Public Health, 2013년 1월 21일.

4. 에너지 = (질량) × (물의 비열용량) × (온도 변화). 물 1ℓ (1kg)를 10°C에서 끓는점(100°C)까지 가열하는 경우는 1kg × 4,200J/kg/°C × 90°C = 378,000J. 다이너모가 약 5W(초당 5J)라고 가정하면 75,600

초=21시간. Amazon.com의 여러 자전거 다이너모 제품을 참고했다(Dynosys 제품들은 약 5W, Busch & Muller 제품들은 약 6W). 만약 답답한 다이너모를 내다버리고 적당한 발전기를 사다가 페달을 밟는 힘을 더 직접적으로 모을 경우 (사이클 선수가 최고 속도로 달리는 상황을 가정했을 때) 이론적으로 400W를 확보해 물을 80배 더 빨리 끓일 수 있다. 이 수치는 다음 자료를 참고했다. Wilson, D.(2004), *Bicycling Science* (MIT Press, Cambridge, MA).

5. Shamos, M. H.(ed.) (1987), *Great Experiments in Physics* (Dover New York), pp. 166~183.

6. 다시 말하지만, 잠재에너지만 고려하고 다른 요인들은 모두 무시한 수치다.

7. 이 계산 역시 앤디가 지기 몸을 해당 거리만큼 들어올리는 데 필요한 잠재에너지만 따질 뿐 기계적 효율은 전혀 고려하지 않는다. $95\text{kg} \times 10\text{m/s/s} \times 400\text{m} = 380,000\text{J}/1,800초 = 약 210\text{W}$.

8. 20여 년 전 피에트Fiet라는 그린에너지 마니아가 자신의 자급자족 '모바일 오피스'에서 내게 직접 보여준 적이 있다. 그의 태양열에너지 노트북이 잉크젯 프린터에 연결돼 있었고, 프린터에는 책상에 설치한 핸드크랭크로 동력을 공급했다. 한 장 인쇄하는 데 크랭크를 여러 번 돌려야 했다. 그때 일을 절대 잊지 못한다. 내가 지금까지 참여한 에너지 생산 시연 가운데 가장 생생한 시연이었다.

9. 내가 가정한 햄스터 전력은 약 0.5W이며, 다음 자료의 추정치를 참고했다. Fink, D. Science for Kids: Hamster Power, 2005년 12월 13일. http://en.allexperts.com/q/Science-Kids-3250/Hamster-Power.htm.

10. 에너지 손실을 고려하지 않은 단순화된 추정치들이다.

11. 모든 일(언덕 오르기, 물 끓이기, 드릴로 나무에 구멍 뚫기 등)에는 에너지가 들고, 무슨 일이든 100% 효율적이지 않기 때문에 보통 그

이상의 에너지가 든다. 효율성은 이론상의 필요 에너지 대비 실제로 소비되는 에너지다. 만약 어떤 일에 이론상의 에너지양의 두 배가 든다면 이때의 에너지 효율은 50%에 불과하다. 자신의 몸을 산꼭대기로 옮기고 싶을 때 자전거로 갈 때보다 자동차로 갈 때 많은 에너지를 쓰는데, 이는 자동차 엔진이 자전거보다 효율이 훨씬 떨어지기 때문이다. 차로 올라가면 에너지가 우리 몸이 아니라 엔진이 태우는 가솔린에서 나오기 때문에 몸은 편하지만 단위에너지당 비용은 자동차로 갈 때가 훨씬 높다. 이는 자동차 무게가 사람 몸무게보다 15~20배 더 나가기 때문이다. 차로 산을 오르면 몸뿐 아니라 금속, 고무, 유리를 잔뜩 지고 올라가는 셈이다. 또한 자동차 엔진과 변속기가 휘발유에 함유된 에너지를 남김없이 자동차의 운동에너지로 전환하지 못하는 것도 자동차의 에너지 효율이 낮은 이유다.

12. 숟가락으로 저어서 물을 끓이려면, 저어서 추가하는 열이 주변 공기로 유실되지 않아야 한다. 이론상 숟가락이 정교하게 설계된 진공 플라스크 안에서 회전한다면 가능할 수도 있다. 그렇게만 되면 19세기에 줄이 낙하하는 추를 이용해 프로펠러를 회전시켜 단열 용기에 든 물을 휘저었던 실험의 현대 버전이 될 것이다.

13. James Joule, Letter to the editors, *Philosophical Magazine* 27(1845), p, 205, Shamos, M. H.(ed.) (1987), *Great Experiments in Physics*(Dover, New York), p. 169에서 인용.

14. Gjertsen, D. 'James Prescott Joule', Wintle, J.(2013), *New Makers of Modern Culture*(Routledge, London) Volume 1, p. 772에서 인용.

15. 운동에너지$= \frac{1}{2}mv^2$ (m = 질량, v = 속도(이 경우는 속력).

16. 자동차의 에너지는 속도의 제곱이므로, 속도를 두 배로 높이면 에너지가 네 배가 되고, 속도를 네 배 올리면 에너지가 16배가 된다. 따라서 자동차의 충돌 속도가 두 배이면 위험은 두 배보다 훨씬 커진다.

17. 잠재에너지=mgh=75kg×10m/s/s×10m=7,500J.

18. 머리가 땅에 닿는 순간의 이동 속도를 15m/s로 가정하면 운동량은 1,125kgm/s이고, 충돌이 0.1초 이어졌다고 할 때 그로 인한 힘은 이 수치의 10배로, 수천 뉴턴(N)에 이른다. 악어에게 꽉 물렸을 때의 힘과 비슷하다.

3. 슈퍼히어로로 되는 법

1. 아르키메데스가 초대형 골프 티에 지구를 올려놓아서 지구 전체의 무게가 핀 끝으로 모아진다고 가정하자. 골프 티가 지렛대의 한쪽 끝에 꽂혀 있고, 몸무게 75kg인 아르키메데스가 지렛대의 반대편으로 뛰어내려 지렛대를 수평으로 만들려면 지렛대가 얼마나 길어야 할까? 계산의 편의상 세상의 무게를 6,000,000,000,000,000,000,000,000,000kg로 잡아보자. 시소가 균형을 이루려면 무게에 거리를 곱한 값이 피벗의 양편 모두 같아야 한다. 따라서 지레의 길이는 6×10^{24}를 8×10^{19}km로 나눈 값이 된다. 이론적으로는 그렇다. 그런데 문제는 지구에서 태양까지의 거리가 150,000,000km에 불과하다는 것이다. 광활한 우주에서 아르키메데스가 중력 대신 무엇을 이용해 뛰어내릴 것이며, 또 어디로 뛰어내린단 말인가? 생각할수록 황당한 발상이다. 어쩌면 그래서 이 상상실험이 유명해진 건지도 모르겠다.

2. 잠재에너지=mgh=200kg×10m/s/s×1m=2,000J.

3. 정확한 온도는 여러 요인에 따라 달라진다. 무른 나무는 단단하고 무거운 나무보다 낮은 온도에서 불이 붙는다. 200°C라는 추정치는 다음 자료에서 인용했다. Cote, A. & Bugbee, P.(1988), *Principles of Fire Protection*(National Fire Protection Association, New York).

4. 일반적으로 이런 일은 일어나지 않는다. 스포츠 스타들은 이른바 '마무리 동작follow-through'의 중요성을 잘 안다. 마무리 동작이란, 공에

전달하는 에너지양은 늘리고 팔다리가 받는 충격은 줄여 부상 위험
을 낮추기 위해 공과 접촉이 끝난 후에도 닿았던 신체 부위를 해당
방향으로 계속 움직이는 것을 말한다.

5. 이와 같은 유압 메커니즘은 1651년 파스칼이 발견한 파스칼 원리
Pascal's Principle라는 과학법칙으로 설명된다. 이 법칙에 따르면 밀폐
된 파이프에 담긴 유체의 압력은 파이프의 모든 곳에서 같다. 따라서
유체의 힘을 파이프의 면적으로 나눈 값은 파이프가 넓어지든 좁아
지든 항상 같다. 유압 잭의 경우 작은 파이프에 미치는 작은 힘은 큰
파이프에 미치는 큰 힘으로 전환된다. 유압기계는 에너지 측면에서
설명하는 게 이해가 더 쉽다. 물총에서 물이 발사될 때의 에너지는
방아쇠를 조이는 데 들어간 에너지보다 클 수 없다. 물총에서 발사되
는 물은 방아쇠보다 빠르게 움직이므로 초당 더 긴 거리를 움직인다.
물체가 보유한 에너지는 그것에 작용하는 힘에 그것이 움직인 거리
를 곱한 값과 같다. 에너지가 일정하게 유지된다면, 속도가 증가하면
힘은 적어질 수밖에 없다.

6. Cross, R.(2011), *Physics of Baseball and Softball*(Springer, New
York).

4. 자전거와 빵 반죽의 공통점

1. 랜스 암스트롱과 관련해서는 Cyclist Sorry for Doping. BBC News,
2013년 1월 18일 참조.

2. 정상급 사이클 선수의 역량에 대해서는 다음 자료를 참조하기 바
라다. Padilla, S. et al.(2000), Scientific Approach to the 1-h
Cycling World Record. *Journal of Applied Physiology*, 89, pp.
1522~1527.

3. 일반적으로 자동차 무게는 약 1,500kg이고, 자전거의 무게는 15~
20kg이다.

4. Alam, F. et al.(2009), Aerodynamics of Bicycle Helmets. Estivalet, M. & Brisson, P.(2009), *The Engineering of Sport* (Springer, Paris).

5. Mack, J.(2007), Don't be a drag. *Bicycling*, 2007년 8월, p. 46.

6. 기록 단축을 위한 다양하고 그럴듯한 방법에 대해서는 다음 자료를 참조하기 바란다. Sumner, J. 'Why Do Cyclists Shave Their Legs?' *Bicycling*, 2014년 10월 9일, www.bicycling.com/.

7. Wilson, D.(2004), *Bicycling Science*(MIT Press, Cambridge, MA), p. 188.

5. 볼 수 있는 전부이자 결코 볼 수 없는 것

1. 여러 출처에 1703년과 1704년으로 나와 있지만, 내가 찾은 가장 오래된 커버의 사진에는 연도가 분명히 MDCCIV(1704)로 돼 있다. 뉴턴은 이보다 30여 년 전인 1672년에 (공교롭게도 서른 살 때) 빛에 대한 자신의 생각을 영국 〈왕립학회 자연과학 회보*Philosophical Transactions*〉에 처음 발표했다.

2. 케임브리지대학교 디지털 라이브러리 덕분에 우리는 편하게 컴퓨터로 뉴턴의 노트를 훌훌 넘겨볼 수 있다. 'Isaac Newton: Laboratory Notebook', the Cambridge University Digital Library, cudl.lib.cam.ac.uk.

3. 파동-입자 이중성(빛이 파동이자 동시에 입자로 거동한다는 개념)은 최근에 나온 발상이 아니다. 광학계 선구자들이 18세기에 빛을 어떻게 생각했는지에 대해 알고 싶다면 다음 자료를 참조하기 바란다. Shamos, M.(1959), *Great Experiments in Physics*(Dover, New York), p. 93.

4. 1900년 윌리엄 톰슨 켈빈 경Willian Thomson, Lord Kelvin은 대담하게도 영국과학진흥협회British Association for the Advancement of Science에 "이

제 물리학에서는 더 이상 새롭게 발견될 것이 없다"라고 말했다. 이 말은 널리 인용된 만큼이나 논란의 대상이 되었다. 하지만 당시 그가 믿었던 것에 대한 정확한 요약이 아니었나 싶다. 이듬해 발간된 논문에서 그는 물리학의 '아름다움과 명료함'을 단지 두 개의 구름이 가리고 있다고 말했다. 그리고 얼마 안 가 바로 그 두 영역을 탐구한 상대성이론과 양자이론이 등장했다. Kelvin, Lord(1901), Nineteenth Century Clouds over the Dynamical Theory of Heat and Light. *Philosophical Magazine and Journal of Science*, S. 6., 2. p. 1.

5. Hecht, E.(1998), *Physics: Algebra/Trig*(Brooks Cole, Pacific Grove), p. 806.

6. 이에 대한 정확한 수치는 아무도 제시할 수 없을 것으로 본다. 다만 여러 책과 인터넷에 적게는 25%부터 많게는 60%에 이르는 다양하고 그럴듯한 추정치가 등장한다. 다양한 추정치에 대해서는 내 웹사이트를 참조하기 바란다.

7. 흥미롭게도 이미 300년 전에 뉴턴이 아인슈타인의 방정식에 대한 모종의 '예감'을 가지고 있었다. 뉴턴은 〈광학*Opticks*〉에 이렇게 썼다. "몸을 빛으로, 빛을 몸으로 바꾸는 것은 자연의 섭리에 매우 부합하는 것이다." 내게는 이 말이 딱 $E=mc^2$으로 들린다.

8. 길이만 놓고 볼 때, 천문학적인 것과 '원자적인' 것의 차이는 창망하다. 관측 가능한 우주의 추정 지름(1,000억 광년)을 원자의 지름(0.25nm)으로 나누면 약 4×10^{36}이 나온다. 숫자로 늘어놓으면 이렇다. 4,000,000,000,000,000,000,000,000,000,000,000,000.

9. 전자기파 스펙트럼에 대한 핵심 요약을 원한다면 다음 자료를 참조하기 바란다. What Wavelength Goes With a Color? NASA, scienceedu. larc.nasa.gov.

10. 해양파를 다룬 저작인 다음의 문헌에 의하면, 이것이 서퍼들이 도달하는 평균 속도다. Bascom, W.(1980), *Waves and Beaches*(Anchor

Press, New York). 해양파는, 특히 지진해일 상황에서는 훨씬 빠르게 이동한다.

11. 흥미롭게도 빛이 원자보다 훨씬 크기 때문에, 우리가 일반 광학현미경으로 원자나 분자를 볼 가망은 전혀 없다. 이것이 전자현미경이 발명된 이유다. (단순하고 거친 의미에서) 전자는 광자보다 훨씬 '작다.' 확률론적 아원자subatom를 말할 때 '더 작다'는 표현은 문제가 되지만, 여기서는 거기까지는 걱정하기 말기로 하자.

12. 다음 자료에 따르면 헬륨 네온 레이저 광자는 개당 약 30억분의 1J($3{\times}10^{-19}$J)의 에너지를 가지고 있다. Hecht, E.(1998), *Physics: Algebra/Trig*(Brooks Cole, Pacific Grove), p. 807.

13. 일반적 손전등 전구는 약 2.2V, 0.25A다. 즉 0.55W다. 0.55W를 위의 자료가 말하는 광자 1개의 에너지($3{\times}10^{-19}$J)로 나누면 초당 약 $2{\times}10^{18}$ 광자에 해당한다.

14. Cathcart, B.(2005), *The Fly in the Cathedral*(Farrar, Straus and Giroux, New York).

15. 에너지가 태양에서 지구로 올 때는 단 몇 분이면 족하지만 태양의 중심핵에서 태양 표층까지 도달하는 데는 수천 년이 걸리기 때문에 도중에 탈출하기 쉽다. Plait, P.(1997), The Long Climb from the Sun's Core, www.badastronomy.com/bitesize/solar_system/ 참조.

16. 다음 자료에 따르면, 녹은 화산 용암은 약 1,200°C에 이른다. Schminke, H.(2004), *Volcanism*(Springer, Berlin), p. 27.

17. 에디슨에 대한 영웅 신화와 역사적 사실 사이에 어느 정도의 괴리가 있는지 궁금하다면 다음 자료를 참조하기 바란다. Stross, R.(2007), *The Wizard of Menlo Park*(Crown, New York).

18. 지구상에 가장 흔한 화학원소 중 하나이자 반도체 재료인 실리콘silicon은 가슴 성형 수술에 삽입형물로 이용되는 고분자 플라스틱

(폴리머)의 일종인 실리콘Silicone과 자주 혼동된다. 후자가 전자를 함유하고 있긴 하지만 유사점은 거기까지가 끝이다. '실리콘 칩(컴퓨터 마이크로칩)'을 만드는 실리콘은 가슴 보형물보다는 모래에 훨씬 가깝다.

19. 숀 팔머Sean Palmer는 반딧불이 한 마리가 촛불의 약 1/50~1/400의 빛을 낸다고 한다. 'What distance is a firefly visible from?' in Sean B. Palmer's Shared Objects, sbp.so/firefly 참조.

20. 허블망원경의 문제점에 대해서는 다음 자료를 참조하기 바란다. Zimmerman, R.(2010), 'Chapter 4: Building it' & 'Chapter 5: Saving it', *The Universe in a Mirror: The Saga of the Hubble Telescope and the Visionaries who Built it*(Princeton University Press, Princeton, NJ).

6. 봉화에서 스마트폰까지

1. 1887년 마이컬슨과 몰리가 가설상의 광파 매질 에테르의 존재를 확인하고 그 속도를 측정하는 실험을 행한 이후, '루미니페루스 에테르' 가설은 끝을 맞았다. 마이컬슨-몰리 실험Michelson-Morley experiment은 빛을 매개하는 에테르라는 것은 없으며 빛의 속도는 언제나 일정하다는 것을 밝힘으로써 20여 년 후 아인슈타인의 빛나는 상대성이론이 등장할 초석을 깔았다.

2. A Chat with the Man Behind Mobiles. BBC News, 2003년 4월 21일. 마틴 쿠퍼Martin Cooper의 휴대폰 특허가 1973년에 출원되어 2년 후 승인됐다. Cooper, M.(1975), US Patent 3,906,166: Radio Telephone System, 1975년 9월 16일 참조.

3. 영국과 북미가 어떻게 전기적으로 연결됐는지를 다룬 길리언 쿡슨Gillian Cookson의 저서에 따르면, 1850년대에 증기선과 전신의 조합을 통해 대서양 건너로 메시지를 전달하는 데 약 12일이 걸렸다.

Cookson, G.(2012), *The Cable*(The History Press, Stroud). 1858 년 미국인 사업가 사이러스 필드Cyrus Field가 아일랜드와 뉴펀들랜드를 잇는 대서양 해저 케이블을 완성한 후 얼마 안 가 하루에 약 150통(양방향 전체 전송량)의 메시지가 오가기 시작했다. 당시 필드의 해저 케이블에 대한 PBS의 기사에 따르면 1866년에는 하루 50통에 불과했는데 이는 주로 고가의 전송 비용(단어당 10달러) 때문이었다. The Great Transatlantic Cable, www.pbs.org/wgbh/amex/cable/index.html 참조.

4. 런던과 뉴욕 간 직선거리 약 5,500km를 빛이 30만 km/s의 속도로 날아가는 데 약 0.02초가 소요된다.

5. 다음의 논문을 추천한다. Nyquist, H.(1924), Certain Factors Affecting Telegraph Speed. *Bell System Technical Journal*, 3, pp. 324~346.

6. 다음 자료가 그레이와 벨의 '전화 원조 논란'을 놀랄 만큼 재미있게 설명한다. Elisha Gray and Alexander Bell Telephone Controversy, Wikipedia. 2002년 6월 11일. 미국 의회에서 최초의 전화 발명자를 무치로 공식 인정하기 전까지 그의 이름은 들어본 사람조차 별로 없었다. Who is Credited as Inventing the Telephone? via the US Library of Congress, www.loc.gov/rr/scitech/mysteries/telephone.html 참조.

7. 광전화에 대해서는 다음 자료에 자세히 설명돼 있다. Bell, A. (1880), US Patent 235,199: Apparatus for Signalling and Communicating, called 'Photophone', 7 December 1880.

8. 〈타임*TIME*〉지는 판즈워스를 20세기의 가장 영향력 있는 인물 100인 중 한 명으로 선정함으로써 세간의 오해를 일정 부분 바로잡았다. Postman, N.(1999), Electrical Engineer Philo Farnsworth, *TIME*, 1999년 3월 29일 참조.

9. FM 라디오를 90MHz의 주파수로 청취하고 있다고 가정하자. 파장은 빛의 속도를 주파수로 나눈 값, 즉 약 3.3m이므로 FM 안테나의 적정 길이는 약 1.5m다.

10. 등대를 볼 수 있는 최대 거리는 3.57km에 등대 높이(미터)의 제곱근을 곱한 값이다. 만약 등대의 높이가 약 30m라면, 약 20km 밖에서부터 등대를 볼 수 있다. 계산 공식에 대해서는 다음 웹페이지를 참조하기 바란다. mintaka.sdsu.edu/GF/explain/atmos_refr/horizon.html.

11. 마르코니는 1909년 노벨 물리학상을 수상했다. 마르코니의 강의는 그의 실험들과 당대의 과학적 이해에 대한 직접 경험자의 생생한 설명이다. 녹취록은 읽어볼 가치가 충분하다. Marconi, G.(1909), Nobel Lecture: Wireless Telegraphic Communication, via www.nobelprize.org/.

12. 헤비사이드의 동시대인 아서 케널리Arthur Kennelly, 1861~1939도 고층대기에 전리층(이온층)이 존재함을 제시했고, 1924년 에드워드 애플턴Edward Appleton, 1892~1965이 이론으로 제시된 전리층의 존재를 실증했다. 애플턴은 이 업적으로 1947년 노벨 물리학상을 받았다. 당시 이미 고인이었던 케널리와 헤비사이드는 영광을 함께하지 못했다. 다음 Edward V. Appleton-Biographical, on www.nobelprize.org/ 참조.

13. 이를 포함한 여러 다채로운 일화들이 다음 자료에 소개돼 있다. Nahin, P.(2002), *Oliver Heaviside: The Life, Work, and Times of an Electrical Genius of the Victorian Age*(JHU Press, Baltimore, MD).

14. Searle, G.(1950), Oliver Heaviside: A Personal Sketch, *The Heaviside Century Volume*(IEE, London).

15. Clarke, A.(1945), Extra-Terrestrial Relays: Can Rocket Stations

Give World-Wide Radio Coverage? *Wireless World*, 1945년
10월.

16. 스트레이트 도프(Straight Dope, 〈시카고 리더*Chicago Reader*〉 지
의 질의응답 칼럼) 웹사이트는 전자레인지를 1,000W로, 휴대폰
을 수백 mW(밀리와트)로 수량화한다. 'How are the Microwaves
in Ovens Different from those in Cell Phones?', www.
straightdope.com, 2003년 8월 28일.

17. 이는 휴대폰이 전자레인지와 정확히 같은 방식으로 극초단파 에너
지를 음식에 발사한다는 가정하에 스트레이트 도프의 전력 비교를
기반으로 어림한 추정치다. 실제로 휴대폰은 음식을 요리할 만한 온
도나 그 비슷한 것을 전혀 만들어내지 못한다. 설사 휴대폰이 음식
에 강한 에너지를 쏜다 해도 그 결과가 조리와는 거리가 멀 것이다.
음식을 오랫동안 직사광선에 노출시켜도 익지 않는 것과 같은 이치
다. 특정 임계온도에 도달하지 않는 한 조리가 되지 않는다.

7. 난방은 쉬워도 냉방은 어렵다

1. 평균적으로 빙산의 무게는 약 15만 톤이며, 내부 온도는 약 $-15°C$
다. 따라서 빙산에 포함된 열에너지(절대영도에서 가열)는 질량×
물의 비열용량×절대영도와의 차이 = $150,000,000kg×4,181J/kg/°C×(273-15) = 162,000GJ$이다. 약 0.5ℓ, 온도 $90°C$의 대용
량 커피의 열에너지는 $0.5kg×4,181J/kg/°C×(90+273)°C=760kJ$
이다. 즉 뜨거운 커피보다 빙산이 약 2억 배나 많은 열에너지를 보
유한다. 빙산 관련 통계치는 다음 웹사이트에서 얻었다. www.
canadiangeographic.ca/magazine/MA06/indepth/justthefacts.
asp.

2. 하지만 블랙홀이 꼭 차가운 건 아니다. 우주과학자들은 현재 '우주
에서 가장 차가운 지점(온도가 1피코켈빈*picokelvin*, 즉 $10^{-12}°K$ 또

는 0.000000000001°K에 불과한 것)'을 만들기 위해 노력 중이다. coldatomlab.jpl.nasa.gov/ 참조.

3. Hand, E.(2012), CERN physicists Create Record-Breaking Subatomic Soup. blogs.nature.com, 2012년 8월 13일.

4. Bingelli, C.(2009), *Building Systems for Interior Designers*(John Wiley & Sons, Hoboken, NJ), p. 22.

5. 19세기 얼음 수입과 관련해서는 www.canalmuseum.org.uk/ice/iceimport.htm 참조.

6. 마셜의 액체질소 아이스크림과 관련해서는 다음 자료를 참조하기 바란다. matthew-rowley.blogspot.co.uk, 2010년 9월.

7. 여기서 사용한 수치는 영국 에너지절약신탁Energy Saving Trust이 계산한 전기축열히터 대비 평균 비용과 절감액에 기반한다. www.energysavingtrust.org.uk/Generatingenergy/Choosing-a-renewable-technology/Groundsource-heat-pumps 참조.

8. Fox, S.(2010), Superinsulating Aerogels Arrive on Home Insulation Market At Last에서 인용. www.popsci.com/technology/article/2010-02/aerogels-hit-consumerinsulation-market 참조.

9. 패시브하우스 스탠더드와 관련해서는 What is Passivhaus?, www.passivhaus.org.uk/ 참조.

10. Fischer, B. How much does it cost to charge an iPhone 5? A thought-provokingly modest $0.41/year. On blog.opower.com, 2012년 9월 27일 참조.

11. 'Without Much Fanfare, Apple Has Sold Its 500 Millionth iPhone', www.forbes.com, 2014년 3월 25일 참조.

12. Greenpeace International(2012), How Clean is Your Cloud?, www.greenpeace.org/international.

13. 데스크톱 컴퓨터와 노트북 컴퓨터의 비교와 관련해서는 www.eu-energystar.org/en/en_022.shtml 참조.

8. 다이어트의 과학

1. 이 장의 뒷부분에서 설명했듯 이 책은 열량(식품에너지)의 단위로 '대문자 칼로리(Ca)'를 사용하는 관례에 따른다. (하지만 독자의 혼동을 피하기 위해 번역문에는 킬로칼로리(kcal)를 사용한다.) 1Cal = 1,000kcal = 4.2kJ(4,200J).

2. 이 원그래프의 데이터는 다음을 비롯한 여러 출처에서 인용한 것이다. Insel, P. et al.(2010), *Nutrition*(Jones & Bartlett, Sudbury, MA), p. 342.

3. "평균적으로 걷기, 달리기, 정지 사이클링의 효율은 20~25%다." McArdle, W. et al.(2010), *Exercise Physiology: Nutrition, Energy, and Human Performance*(Lippincott Williams & Wilkins, Baltimore, MD), p. 208.

4. 약 6km/h의 속도로 1시간 동안 빠르게 걸으면 약 450kcal가 소모된다. 큼직한 달걀 한 개가 75kcal를 함유하므로 달걀 하나로 약 10분 동안 걸어서 약 1km를 갈 수 있다.

5. 사향소의 겨울철 에너지 소비량은 체중 1kg당 920kJ(219kcal)이다. 이에 비해 (동물들이 훨씬 활동적인) 여름철의 에너지 소비량은 여기서 약 25% 증가한 1,163kJ(278kcal)/kg이다. 다음 자료를 참조하기 바란다. Kazmin, V. D. & Abaturov, B. D.(2011), Quantitative characteristics of nutrition in free-ranging reindeer(Rangifer tarandus) and musk oxen(Ovibos moschatus) on Wrangel Island.(*Biology Bulletin*, 38, p. 935).

6. 이 표의 식품 명단은 다음 자료의 영양 데이터를 토대로 작성됐다. Gebhardt, S. & Thomas, R.(2002), Nutritive Value of Foods.

*US Department of Agriculture Agricultural Research Service,
Home and Garden Bulletin*, 72, 2002년 10월. 몇몇 항목의 경우
흔하게 판매되는 식품의 영양성분표에서 내가 직접 수집했다.

7. 다음 자료에 제시된 수치들에 기반한다. Insel, P. et al.(2010),
Nutrition(Jones & Bartlett, Sudbury, MA), p. 344.

8. 다음 자료에 따르면 벌새의 기초대사율은 체질량 1kg당 약 870kJ/
hr이다. 이에 비해 사람의 기초대사율은 1kg당 약 77kJ/hr에 불과하
다. Sherwood, L. et al.(2012), *Animal Physiology: From Genes
to Organisms*(Cengage, Independence, KY), p. 720.

9. 다음 자료에 따르면 쥐는 하루에 몸무게 100g당 12g의 먹이를 먹는
다. Johns Hopkins University Animal Care and Use Committee,
web.jhu.edu/animalcare/procedures/mouse.html.

10. 휘발유 1*l* 당 에너지 함량이 34.8MJ(34,800kJ)이므로 1UK갤런(약
5*l*)에는 약 16만 kJ의 에너지가 있다.

11. 본서 집필 당시 영국에서 휘발유 1*l*의 가격은 약 1.30파운드, 다시
말해 1kJ당 약 0.00374펜스였다. 패스트푸드 햄버거의 평균 가격
을 4.00파운드로 잡을 경우, 1kJ당 약 0.2펜스(동일 에너지를 50배
이상의 가격)로 구매하는 셈이 된다. 전기 비용 계산은 연간 고정비
를 감안하지 않은 1kWh당 20펜스의 단가를 기준으로 하며 그 경
우 1kJ당 0.006펜스가 나온다.

12. Estimated Energy Requirements from Health Canada, 2011년
11월 8일 기준, www.hc-sc.gc.ca.

13. Breiter, M. *Bears: A Year in the Life*(A & C Black, London), p.
157.

14. Percent of Consumer Expenditures Spent on Food, Alcoholic
Beverages, and Tobacco that were Consumed at Home,
by Selected Countries, 2012. US Department of Agriculture

Economic Research Service, www.ers.usda.gov/data-products/food-expenditures.aspx.

15. Wrangham, R.(2010), *Catching Fire: How Cooking Made us Human*(Basic Books, New York).

16. 다음 웹페이지를 참조하기 바란다. www.ift.org/newsroom/news-releases/2013/july/15/chew-more-to-retain-more-energy.aspx.

17. Wolke, R.(2008), *What Einstein Told His Cook: Kitchen Science Explained*(W. W. Norton, New York). 또는 다음의 자료를 참조하기 바란다. McGee, H.(2004), *On Food and Cooking: The Science and Lore of the Kitchen*(Scribner, New York).

18. 물론 인류가 핵 식품nuclear food을 만들고 소화할 방법을 찾지 못한다는 가정하에서 그렇다. 아인슈타인의 방정식 $E=mc^2$에 의하면 1.5g의 알약 하나가 이론적으로 135조 J의 에너지를 만들어낼 수 있다.

9. 달리는 페라리에 왜 먼지가 쌓일까?

1. 먼지의 크기는 다양하다. 작을수록 우리가 숨과 함께 들이마실 가능성이 높고 따라서 잠재 위험이 커진다. 평균적으로 먼지는 지름이 몇 미크론(μ)에서 100미크론 이상이다.

2. 이론적으로는 그렇다. 실제로는 대기가 훨씬 가변적이고 복잡한 데다 역전층inversion layer 같은 현상까지 있어서 고도가 높아지면서 풍속이 오히려 감소하기도 한다.

3. 이론상 풍력 터빈의 허브 높이(날개가 돌아가는 지점의 높이)를 두 배로 늘리면 풍속이 약 10% 증가하지만 실제로는 그렇게 단순하지 않다. 터빈이 회전하면서 각각의 날개는 가장 낮은 지점에 있을 때보다 가장 높은 지점에 있을 때 더 높은 풍속을 겪으므로 터빈에 가해

지는 부하도 함께 증가한다. 또한 터빈이 커지고 높아질수록 무게도 많이 나가기 때문에 중력을 거슬러 작동하는 데 더 많은 에너지를 소비하게 된다.

4. 바다 수영은 여러 이유로 실내 수영과 비교가 안 된다. 일단 파도의 격동 때문에 파도를 타는 데 상당한 에너지가 소모된다. 또한 차갑고 거친 바다에서는 머리를 물 밖으로 내놓고 수영하게 되므로 유선형 자세와 능률적인 영법을 구사하기 어려워지고, 결과적으로 물의 저항을 많이 받아 스트로크할 때마다 더 많은 힘을 쓰게 된다. 더구나 차가운 바다에서 수영하려면 웨트슈트, 장갑, 부츠, 심지어 수영모까지 착용해야 하는데 이 모든 것이 체온 유지에는 좋을지 몰라도 움직이는 데는 방해가 된다. 또한 염분이 있는 해수는 담수보다 약간 밀도가 높고, 찬물도 따뜻한 물보다 밀도가 높다. 이렇게 차가운 바닷물이 (따뜻한 수영장 물에 비해) 밀도가 높은 것도 수영에 도움이 되지 않는다. 하지만 다른 유체역학적 요인에 비하면 영향이 적다.

5. 다음 자료에 따르면 1970년대 NASA의 실험에서 90km/h의 속도에서 공기저항을 24% 줄이는 데 성공했다. Lamm, M.(1977), *Popular Mechanics*, p. 81. 바퀴 주변의 공기저항을 개선하는 페어링fairing에 대해서는 다음 자료에 잘 나와 있다. Rahim, S.(2011), Plastic Fairings Could Cut Truck Fuel Use. *Scientific American*, 2011년 2월, www.scientificamerican.com/article/plasticfairings-cut-truck-fuel/.

6. Einstein, A.(1926), The Cause of the Formation of Meanders in the Courses of Rivers and of the So-Called Baer's Law. *Die Naturwissenschaften*, 14.

7. 일부 코골이 환자의 경우 인두가 계속 닫혀 있는데, 이는 폐쇄성 수면 무호흡증obstructive sleep apnoea, OSA이라는 위험한 병증을 야기한다. 이 병증은 인공호흡기를 이용한 지속 기도 양압continuous positive

airway pressure, CPAP 요법으로 치료하는데, 안면 마스크로 공기를 부드럽게 주입해 인두를 열어놓는 방법이다. National Heart, Lung and Blood Institute's, www.nhlbi.nih.gov/health/health-topics/topics/cpap/ 참조.

8. Fajdiga, I.(2005), Snoring Imaging-Could Bernoulli Explain It All? *CHEST*, 128, p. 896.

LED 123~125

|ㄱ|

가속도 21, 225
가시광선 111~112, 115, 118~119,
　　122~123
가티, 카를로 168
감마선 112~113, 151
개똥벌레 125~126
거대 강입자 충돌기(LHC) 165
겨울잠 194
골프 76~77, 195
관성의 법칙 21
광자 108~109, 115~118, 125
광전화 137~139
광학 108
구두 8, 127~128
구름저항 96~98
그레이, 엘리샤 138
그릴 206
기어 54, 61, 75~76, 89~94, 96, 99,
　　190, 223

|ㄴ|

나사못 61, 69
난기류 27, 216~219

네온가122
뉴턴 유체 222
뉴턴, 아이작 20~21, 28, 78, 108,
　　222~223

|ㄷ|

다운포스 217
다이오드 124
단열재 177~178
당분 190
대류 169~172, 178, 203~204, 207
도끼 62~63, 72~73
동면 178
드릴 59, 63, 70~71, 75, 180
드모스, 존 220
등대 135, 144
디레일러 92~93
딜런, 밥 159

|ㄹ|

라디오파 112~114, 135, 138,
　　140~154
랭엄, 리처드 201~202
레고 22, 26
레일리-베나르 대류 세포 204
루시페라아제 126

루시페린 126
리컴번트 바이크 102

|ㅁ|

마르코니, 굴리엘모 140~141, 147
마셜, 아그네스 173
마이컬슨, 앨버트 141
마이크로파 112~114, 144,
　　151~152, 205
마찰 22, 25, 66~71, 96, 99, 215, 221
마천루 9, 13, 18, 21~22, 25, 27,
　　30~32, 36, 60
망치 16, 59, 69, 73~74, 87
맥기, 해럴드 202
맥스웰, 제임스 클러크 140
면도 68, 101
모스부호 136
몰리, 에드워드 141
몽블랑 49
무지개 108
무치, 안토니오 138
미립자 108
믹서 212, 223~225, 229

|ㅂ|

바퀴 44~45, 54, 56, 60~76, 82~99,
　　102, 143, 153, 189, 219
반딧불이 125~126
받침점 61
발목 16~19, 82
백열 119~124, 168, 181
벌새 196
벤투리 효과 227~228
벨, 알렉산더 그레이엄 137~139, 147
변속 92~93
보온 177~178
복사 146, 151, 153, 169~171, 178,
　　203, 206
봄베열량계 191
봉화 135
분자운동이론 161
블랙홀 165
빗면 61, 67~69, 72~73

|ㅅ|

사다리 9, 50, 52, 88, 117
사이클리스트 100~102
사향소 160, 177~178, 180, 194
생체발광 126
석탄 40, 43, 119, 169, 180, 182, 199,
　　212
선풍기 158, 172~173, 214~215
설, 조지 148

소용돌이 27, 169, 206~207, 216,
　218~224
수도꼭지 62, 89, 225~226, 229
수레 60~61, 66~69, 72~73, 82~85
수영 42, 74, 76, 78, 194~195, 218
수은 121
스패너 61~63
스펙트럼 111~113
스포일러 216~217
스푸트니크 1호 149
식비 200
신진대사 178, 187, 194, 202
실리콘 124~125
쐐기 60, 73, 75

| ㅇ |

아르곤가스 121
아르키메데스 61
아인슈타인, 알베르트 6~7, 9, 56,
　109~110, 202, 221
안드렉스 64
안테나 143~146, 151, 154
암스트롱, 랜스 81
압축 24~26, 74, 83, 112
액체질소 173~174
양성자 23, 116
양자이론 115

얼음 160~163, 168, 171
에너지 보존의 법칙(열역학 제1법칙)
　48, 50, 53~55, 68, 74, 94, 123,
　163, 167, 187, 198, 227
에디슨, 토머스 113, 120, 136, 147
에어댐 216
에어로젤 179
에어컨 158, 168, 172~173, 175
에코 1호 150
에테르 133, 141
에펠탑 30
엑스선 112~114, 151~152
엔트로피 163
엘리베이터 36, 47
엠파이어스테이트 빌딩 18, 30~31,
　36~43, 46~47, 54, 193
연소 41, 119, 189~190, 192
열에너지 49, 52, 118, 161~176
열펌프 164, 174~175
오븐 191, 203, 205, 207
와류 227
와상전류 206~207
와트 42~46, 53
왁스 119, 123, 127~128
우밍막 177
운동법칙 20~21
울크, 로버트 202
원자 8~9, 22~26, 83, 111, 113~128,

142, 146, 151, 154, 160~161,
166~167, 170, 214
위치에너지 49, 52~53, 95, 198
유리 15, 120~123, 126, 139, 164,
178~179, 206, 217, 224
유체역학 215, 224~225, 229
이온 121, 123, 146
인덕션 레인지 206~207
인텔샛 1호 150
일률 42~43, 46~47, 68

|지|

자기장 142~143, 206~207
자발방출 117
자외선 111~112, 118, 121~123
자유 전자 121, 123, 146
작용·반작용의 법칙 21, 78
적외선 111~112, 119, 206
전기저항 120, 181
전단농화유체 222~223
전단박화유체 222~223
전도 70, 124, 145, 169~171, 178,
203~206
전류 120, 122, 124, 142, 145, 181,
206~207
전리권 146~149
전자구름 23

전자레인지 44, 151~152, 158, 176,
188, 205, 207
전하 23~24, 116, 124, 143,
145~146
절대영도 165
제로섬 48, 162
주사기 74, 76, 226~227
주전자 49, 52
줄, 제임스 프레스콧 39, 49, 53
중력 7, 13~16, 21, 26, 28~29, 36,
95, 190, 193, 225
중성자 23, 116
쥐 196
지레 27, 60~76, 86~93
지방 188, 190, 194, 197~199
지상파 145~146
진수 133

|치|

축구 16, 21, 74, 76, 117
층흐름 216~224

|키|

카힐, 케빈 220
칼로리 190~200
캐스카트, 브라이언 117

커스터드 8, 221~222
케첩 143, 222~223
코골이 227~228
클라우드 182
클라크, 아서 C. 64, 149

|ㅌ|

타이타닉 140, 161
타이페이 101 31~32
탄젠트 85
텅스텐 121
테니스 76~78, 88, 187, 192
테인터, 찰스 138
텔레비전 113, 135, 141
텔스타 150
톱니 90, 92~93
통신위성 149~150
트윈타워 31
티타늄 179

|ㅍ|

파동 108, 112, 115, 133, 140~143,
    151, 153, 205
파이프 75~76, 139, 172~174, 229
파지가, 이고르 228
판즈워스, 필로 T. 141

패러데이, 마이클 136
패시브하우스 스탠더드 179~180
퍼킨엘머 128
포도당 190
폭포 49
풍속 213
필라멘트 120~121, 123, 181

|ㅎ|

하버드 마크 181
하위헌스, 크리스티안 108
할로겐 레인지 206
항력 96~97, 100, 102
햄버거 187, 195~197
허리케인 27
헤르츠, 하인리히 139~141, 144, 151
헤비사이드, 올리버 148
헤이, 대럴 19
현수교 74, 84~85
형광등 116, 121~124
형광체 122
화상 50, 52, 137, 141
화석연료 180, 189, 198
화장지 62, 64~65
회계장부 40
회생 제동 99
회전력 61~63, 92

훅, 로버트 108
휘발유 41, 54, 167, 189, 192,
　　196~197, 199, 208, 226, 229

나는 물리로 세상을 읽는다

1판 1쇄 인쇄 2026년 3월 9일
1판 1쇄 발행 2026년 3월 25일

—

지은이 크리스 우드포드
옮긴이 이재경

펴낸이 백성빈
펴낸곳 반니출판
주소 서울 서초구 서초중앙로 69 806호
전화 02-6204-0491
전자우편 banni@banni.co.kr
출판등록 2025년 10월 13일 (제2025-000266호)

—

ISBN 979-11-24280-63-8   03420